王鼎钧作品系列

人生四书·之三

王鼎钧

我们现代人

(增订版)

生活·讀書·新知 三联书店

Simplified Chinese Copyright © 2020 by SDX Joint Publishing Company.
All Rights Reserved.
本作品简体中文版权由生活·读书·新知三联书店所有。
未经许可,不得翻印。禁止重制、转载、摘录、改写等侵权行为。

图书在版编目(CIP)数据

我们现代人/王鼎钧著. —2版. —北京:生活·读书·新知三联书店,2020.8 (2024.10重印)
(王鼎钧作品系列)
ISBN 978-7-108-06717-3

Ⅰ.①我… Ⅱ.①王… Ⅲ.①人生哲学-通俗读物 Ⅳ.① B821-49

中国版本图书馆 CIP 数据核字(2019)第 250929 号

责任编辑　饶淑荣
装帧设计　张　红　康　健
责任校对　张国荣
责任印制　董　欢
出版发行　生活·讀書·新知 三联书店
　　　　　(北京市东城区美术馆东街22号 100010)
网　　址　www.sdxjpc.com
图　　字　01-2017-7029
经　　销　新华书店
印　　刷　北京隆昌伟业印刷有限公司
版　　次　2014年9月北京第1版
　　　　　2020年8月北京第2版
　　　　　2024年10月北京第7次印刷
开　　本　787毫米×1092毫米　1/32　印张 7.75
字　　数　98千字
印　　数　32,001-35,000册
定　　价　28.00元

(印装查询:01064002715;邮购查询:01084010542)

目录

前言

一 人所未知，你可以先知

一张底片揭开生死之谜 _ 002

人缘 _ 005

女会计脱险记 _ 008

无忧惧 _ 011

半本生物学 _ 012

半本心理学 _ 014

名人 _ 017

创业：垃圾变黄金 _ 019

点痣记 _ 022

将来会怎样 _ 023

莫言祸福是循环 _ 024

二 人所共知，你不能不知

一知半解，继续求知 _ 028

女暴君 _ 029

心像 _ 031

以人为鉴 _ 032

另一种兴亡 _ 034

但愿也是你的格言 _ 036

剃刀边缘多珍重 _ 039

擦亮我们的心灯 _ 041

三 接受，但是要思考

一段儿女经 _ 046
二度梅 _ 047
人境 _ 049
三人登山 _ 051
不可忘本，必须创新 _ 053
本末先后 _ 055
怪圈 _ 058
毒牙武士 _ 061
迷失的一代 _ 064
假如经验像扑满一样 _ 066

四 古人能，今人不能

人才幼稚病 _ 070
今天的心 _ 072
牛肉在哪里 _ 074
他能，你不能 _ 076
创造你的知音 _ 079
考卷上一道题 _ 081
你高兴还是我高兴 _ 084
急就章 _ 087
谁来竞选，谁能当选 _ 088
选择角色 _ 091
速成和速毁 _ 094

五 深入人海，重新看人

为什么过河拆桥 _ 098
公开的秘密 _ 100
手套，什么意思 _ 102
发烧的蚂蚁 _ 104
你中有我，我中有你 _ 106
你我他 _ 108
热爱过程与追求结果 _ III

谁来除三害 _113
假如人像秋千一样 _115
职业造人 _116
莎翁剧中的朋友 _119

六 让金钱扮演正当的角色

卖牛奶的女孩没有错 _122
两个三角形 _125
对自己负责任 _128
从赚钱到捐钱 _131
你有厨房吗？ _133
一亿美元是多少钱？ _135
胖哥不要生气 _138
酒后不宜 _141
消费哲学 _144
起于私欲，归于公益 _147

蘸水的故事 _149
时间似金钱 _151
穷养 _154

七 给精神一个适当的地位

人生，为什么？ _158
心有笑意，脸有笑容 _160
心物之间 _162
只有信，没有迷信 _165
由蒲公英说起 _168
沉思时间 _170
宝剑是怎样铸成的 _174
惊弓之鸟 _176
创造回忆 _178
悲剧主角 _180
焦尾琴 _182
诗兴 _184

八 十问现代人

一事能狂便少年？ _ 186

与善的距离 _ 189

我没有时间 _ 192

法则 _ 195

现代孝子 _ 198

现代经典 _ 200

空中飞童 _ 202

青年的典型 _ 204

根，苗 _ 207

庸人和英雄 _ 210

九 余音袅袅

天上有星，地上有人 _ 214

另一种匹夫有责 _ 216

地圆 _ 217

自然 _ 219

求新求远 _ 221

狗的习惯，人的个性 _ 223

现代狗 _ 226

清水变酒 _ 228

新旧观念欢喜纠缠 _ 229

后记 _ 233

前 言

大时代,小品文;
乘兴浅尝,知味细品;
无所求,有所得;
谈吐有味,行止有本。
幸会了,现代的有缘人!

一

人所未知,你可以先知

一张底片揭开生死之谜

大胆假设,小心求证。大胆求证,小心作结论。大胆作结论,小心下次援例。

这是台湾警界流传的一个故事。

河中浮起一具女尸,法医验明是生前落水致死,警察要查出是自杀还是他杀,但是不知死者的身份姓名,无从了解她生前的社会关系和生活状况,没有资料可供研判。

凶手杀人以后,最困难的是如何处理死者的尸体,若是警察发现了尸体,就能查出死者的姓名年龄、职业癖好、社会关系、恩怨情仇,她死前一周内发生过什么事情,最后一个看到她的人是谁。警察从这些人中间寻找嫌疑分子,再缩小范围,锁定一个人。

警方把这具尸体放在殡仪馆的冰库里,等她的亲属认领。几天过去了，没有谁出面，只有一个警员去看过几次。这个刚刚从警官学校毕业的青年，一心要在工作上有所表现，他仔细观察女尸，死者年纪很轻，但生前似乎患某种慢性疾病，极可能是肺病。

这位年轻的警员争取各方面的支持合作，拍下死者胸部的X光照片，底片上清清楚楚地显示有肺结核病的病灶。他判断死者曾在台北附近的医院就医过，医院里会有她的病历。于是，他遍访各大小医院，把年轻女性肺结核病人的X光底片找出来，逐一跟死者的底片核对。这是一件繁重的工作，但是他相信必有收获。终于，有一天，他发现一张底片上的病灶，形状大小跟死者完全相同。于是他断定两者同出于一人，病历上的姓名、住址，就是死者的姓名、住址。

警察有了死者的姓名、住址，以下一连串作业都很顺利，终于水落石出，破了一件曲折离奇的情杀案。罪行无法掩藏，因为尸体无法掩藏；尸体无法掩藏，表示每个人在光天化日之下，行为无法掩藏。

原来这个行凶的人他说的每一句话,做的每一件事,被他周围这个人看见一点,那个人记得一句,就像他四周都是档案,零零碎碎地替他保存在那里。一个人除非能把自己缩小成一根针,插在泥土里,他休要做坏事。

有人问这位新进警官何以想到肺部的 X 光底片,他说,在警校读书的时候,教材案例,凭指纹可以办案,凭牙科医师的病历可以办案,凭死者的头发可以办案,那时他就设想,利用 X 光底片应该也可以办到。

人缘

打开词典,查看"缘"字组成的每一个词,
那就是你我的生命和生活。

人与人的"缘分",可以分作由血缘而结成的关系,如叔伯兄弟;由地缘而结成的关系,如同乡邻居;由社缘而结成的关系,如同行同好。

从前在农业社会里面,人与人之间的联结以血缘为主,地缘次之。现代社会结构改变,同住在一栋公寓里面的人可能老死不相往来,家家闭关自守,对邻居的印象只是一个号码;兄弟姊妹各有专业,各奔西东,见面的时间也很少;倒是同事天天在一起,同行常常开会,同好经常在俱乐部或高尔夫球场聚首,"社缘"成为人与人之间的主要关系。

在这种情势之下,社会上出现了"档案兄弟"

和"录音机妈妈"。何谓档案兄弟?那是说兄弟虽然同住一城(当然是世界大城市),彼此却日渐陌生,有时弟兄俩订个约会,见面谈谈,哥哥得事先查看与弟弟的有关资料,加以研究,构想谈话的内容,弟弟之于哥哥亦然。否则,两人见了面也许无话可谈,或者话不投机。哥哥、弟弟都活在对方的档案里。何谓"录音机妈妈"?那是说父母整天忙于工作,没有时间陪伴孩子,母亲就把应该对孩子说的话留在录音带上,让独守空房的孩子从录音机里听见妈妈喊他的名字,称赞他乖,叮嘱他不要外出,甚至劝他上床听故事。

现代人接受了这样的生活方式,却又不甘完全忘记亲朋故旧,于是想出一个极笨的办法(也可能是极聪明的办法),跟社缘以外的人维持藕断丝连。这办法是设计如下一张表:

星期一:探望上星期入院的病人。

星期二:写应酬性的回信。

星期三:探望(或电话问候)年老的尊长。

星期四：向下星期内搬家、出国、调职的人致意。

星期五：给下星期内结婚、过生日的人寄礼物。

星期六：……

每天照表检查一次，看有没有忘记去做该做的事。这张表只适用于关系疏远的人，大人物交给女秘书保存执行，小市民交给贤内助负责。且莫讪笑这是"罐装的感情"，探问故旧是人生一乐，而且代表高超的品性。社会虽已如此"现代"，这一点"古典"还是得努力保存才好。

台北有一大亨到美国东部设立公司，他把他在美东各地的血缘、地缘、社缘人物开了一份名单交给他的助理，要这位助理专门负责跟这些人通声气，经常通电话，偶尔上门。不知不觉，这份名单上的人物，对大亨的事业，觉得休戚相关。后来社区人物煮酒论英雄，认为这番布置也是大亨事业成功的一个因素。

女会计脱险记

人类的创造力无穷,绝不会到你为止,
所以,你可以做得更好。

女会计在银行里提取大笔现款,出门误搭贼车,在银行门口等着作案的计程车正在等着她。

说来做贼也不容易,首先要锁定目标,然后花一段时间观察对方的生活习惯,找出下手的机会,正是"只有千日做贼,哪有千日防贼"。贼车得手,车行如飞,携带巨款的乘客手足无措,天地间几乎没有任何人可以援助她。

真的没有人可以援助她吗?这位女会计的想法不同,她认为任何人都可能援助她,她把整袋钞票从车窗里丢出去,让行人去处理。结果是行人把钞票送给警察,警察按照一套程序物归原主,而驾车行抢的贼在失望之余，也只好停车放人。

在这位女会计之前，有过好几个会计在领款之后遭到同样的困境，他们都是抱紧钱袋而钱袋仍被夺去，都没有想到路上行人可以帮得上忙。唯有这位女会计独出心裁，她知道行人虽然未必个个可靠，但是到底与盗贼不同，而且闹市里的行人常常三五成群，十几只眼睛同时看见一袋劈面飞来的钞票，在相互牵掣之下，必然秉公处理。另外，驾车贼的目标是钱，钱既飞出车外，他对一个两手空空的会计无可如何。

这位女会计解决困难的方式颇有创意，对别的提款人有参考价值，对于驾车在银行门口等机会的贼，则是劈头一瓢冷水。

另一个故事可以相提并论：女会计上了贼车以后，发觉大事不妙，急中生智，用口红在车窗上写下SOS，摩尔斯电码紧急求救的信号，国际通用。巡逻的警察看见了，追上去拦截检查，不用说，你也知道结果。这样多了一个得救的条件，恰巧遇上警车，比较难。卖口红的人倒是有了一句可用的广告词：口红有你意想不到的妙用。

这两位机警的女会计，当时受到公司奖励和警察的表扬，不过，上策还是"防患于未然"，不坐贼船贼车，两位女会计行的都是中策，"遏难于将发"，上了贼车再对付贼。本文并不希望您有一天需要模仿她们的行为，你最好触类旁通，另有自己的创意。盗贼也是聪明人，他们也随时交换经验，改进作案的技巧。你有关门计，我有跳墙法，即使是那位女会计，她下次想再用这一招，恐怕也不灵了。

无忧惧

过量的欢乐是放纵,过量的节制是虐待,
过量的谨慎是懦弱。

有一位营养学家说,世界上有半数人是饿死的。它的意思是说这些死者生前虽然也曾辗转床褥,其致病之由却是缺乏营养。

"异曲同工",一位心理学家认为"世界上有半数人是愁死的"。现实和理想冲突,郁郁寡欢,忧能伤人,难以永年。

岂止忧能伤人?偶然得意,即骄狂恣肆,乐极生悲;或偶然拂意即血脉偾张,迁怒滋事,都足以剥蚀健康,自毁长城。

有人懂得调配食物,有人懂得如何处理钱财,可惜有人不懂如何调理自己的感情!

半本生物学

真正的强者不只知道怎样照顾自己,
也知道怎样照顾弱者。

现代人有生物学的知识,认为"高等动物吃低等动物,动物吃植物,植物吃矿物"是天演定理,据此推论,聪明人可以"吃"愚笨的人,拳头大的人可以"吃"拳头小的人,个性强的人可以"吃"个性软弱的人。

如果要建立一套"吃"的哲学,上面只说出一半"真理",必须再加以补充:高等动物死了,尸体分解,变成矿物,又成为植物的食料。这样,"吃"形成一个完整的循环,谁都在劫难逃。理论固然可以自成"体系",人生还有什么意义?

这里那里,你都可以听到"吃定了""吃得住""吃不下"之类的口头禅。在这些人心目中，人与人的关系只是谁吃谁的问题，殊不知这套理论是现代心灵上的一大灾害。殊不知那个"吃"字经过引申，转为包含、覆盖、承受、担当的意思。为什么心中只有大块吃肉、大碗喝酒？不能换一个温暖的观点来讨论人生吗？

仔细看清楚：人跟人的关系应该是服务，不是"吃"。把服务当作被吃，谁还肯服务呢？那是礼让，不是"吃"。把谦让当作被吃，谁还甘心谦让呢？谦让怎能算是美德呢？别把积极进取当作"吃"（以免进取变质成为侵略），也别把保护扶植当作"吃"（以免保护成为变相的占有），鲁迅大师说旧礼教建立了"人吃人"的社会，你想用科学也建立一个吗？那样的社会里还有强者吗？

"唯吃论"者小心！细菌在黄泉路上等着吃你呢！

半本心理学

头脑要冷静,心肠要热烈。

大车祸现场死伤枕藉,死者不是血污满面,就是浑身污泥,景象凄惨。这时,一个衣衫陈旧的工人,带着崭新的毛巾来为尸体擦脸,犹如对活人一样轻柔。这名工人的举动使现场的工作人员一致静下来,注目了好一会儿。大家眼看着这个工人行善之后满眶泪水,不跟任何人交谈,低着头走开。

消息由现场传到办公室,大家对这个行善的工人赞叹不已。有一个读过半本心理学的人插进来说:"我们对那工人的行为不必惊奇,也用不着佩服,他所以这样做必定有他自己的理由。他在心理上有这样做的需要,他已经得到满足。"经过这一番提醒,每个人都想起自己看过的半本心理学，承认这个问题没有再继续探索答案的必要，对那个工人也不必再付出敬意。

怎么没人想一想，同样是"为了自己心理上的满足"，有人杀人，有人救人，难道没有高下分别？别人有义行，自己做不到，心理上有压力，为了解除压力，故意抹杀义行的价值，他也是"为了自己心理上的满足"，这样的心理有何可取？当年有句话："人人看见美德，向前鞠一个躬，然后走开。"现在变成："人人看见美德，朝它丢一块石头，然后走开。"难道这是进步？

我们在有人闲谈的地方就听见有人嘲笑，嘲笑在公车上让座，嘲笑替老太太开门，嘲笑慈善机构在街头募捐。他也嘲笑美国总统在感恩节前赦免一只火鸡，嘲笑圣诞节为露宿街头的人供应咖啡，嘲笑台湾老兵把一生积蓄送给孤儿。

现代人都有一点心理学常识，看过解释人类行为动机的一些小册子。这些小册子确实能帮助我们了解同类，但是也往往使人看不出屈原的行为到底有什么可敬，冯道的行为到底有什么可耻，满纸"刺激""反应""平衡""适应",不见价值判断。人们对"苦行"早已失去尊敬,因为皮毛心理学说"他有自虐狂"。"忠"是美德,可是皮毛心理学对"忠"的解释,无论忠于诸侯、忠于国家或忠于帮会都适用。

现代一般人对善行的感动和对恶行的激动远不及前人。这绝非仅仅因为他们忙碌,而是因为他们的"认知系统"起了重大的变化。他们把善和恶当作了同一货色两种不同的包装。这是"半本心理学"惹的祸!

名人

今人求名心切,中国不时出现"一夕成名天下知"的人物,外面的世界接力加工,使那人的知名度一天比一天高,形成类似通货膨胀的现象。票面金额一百元的钞票改印为一千元时,那张纸顾盼自雄,却不料它实际的价值只剩下十元。这是对通货膨胀的恶性利用。到最后,华美庄严的钞票终于成为令人失望的纸、不受尊重的纸、带有讽刺意味的纸。

有一只无形的手,钞票逃不出它的掌心,名人也照样逃不出,除了极少数一两位。前半段,里面的世界想毁他,反而成全了他;后半段,外面的世界想用他,反而废了他。这表示什么?里里外外名人随着形势走,身不由己,没人疼他,他似乎也不知道疼自己。

名人名人,凭的是个名字。起初,名字登在报上,字体很大,像鹁鸽蛋,后来变瓜子,后来变芝麻。那名字起初登在第一版,不久移到第二版,然后地方版,然后哪里去了?找不到。风云人物像是一阵风、一片云,来得快,去得快。

唉,吹了气的名人、掺了水的名人、踩高跷的名人。时势弄名,造化弄人。爆竹一般的名,中秋月饼一样的人?

唉,你看,这里那里,有些人的名字永远芝麻大,可是也永不消失。一本书只要是谈他的那个时代,一定有关于他的一段两段。一篇论文,一席研讨会,只要谈到他的那个专业,一定有关于他的一页两页。每一个字的大小都像芝麻,铁打铜铸的芝麻、生根发芽的芝麻、能叫宝库开门的芝麻。名人名人,只宜追求这样的名,做个这样的人。

创业:垃圾变黄金

从无望中发掘希望,再使希望成为事实。

有一个在乡村长大的青年,到一个正在开发的城市闯出路。他是坐夜班客运汽车来的,车近市郊,一片万家灯火远远向汽车的挡风玻璃上洒过来,好像是一堆散碎而灿烂的发光体。这般夜景,他在乡间没见过,这个充满了幻想的青年寻思:"人家说城市里满地黄金,看样子果然不错。"

第二天,光天化日之下,他在城里走来走去,只看见到处都是垃圾。这个城市开始工业化,像许多初期工业化的城市一样,大量产生垃圾,有效处理垃圾的方法却还没有。

他失望了吗?起初如此,后来不然。他努力学习在这个新环境中如何生存、如何发展。后来,他成为一位处理垃圾、利用垃圾的专家。他使国人对垃圾产生一种新的观念。点石成金不必要,石头在山上很好看,点铁成金也浪费了,铁本来也有用处。只有垃圾,肮脏的有害的垃圾,你来把它变成金子,那才是兴利除弊,造福民生。

众所周知,"过度开发"今天成了问题,汽油燃烧产生的废气,化学作用产生的废料废水,化学肥料对土壤的破坏,造成环保危机。于是有人要求停止开发或低度开发。能成功吗?即使你能编辑基因,也不能改变人性。在讨论这个问题的国际会议上,印度代表对西方代表说了实话:"凡是你们开发走过的路,我们印度有权利再走一遍。"

为了环保,主张停止开发,呼吁大众降低生活水准,文明后退,能办得到吗?当初建公路,炼汽油,发展汽车工业,叫大家住在乡下,每天开车五十里进城办公,这个情势如何改变?现代人兴建的大楼,一定装置日光灯和空调机,多半不重视日照和通风,一旦没有足够的电力，住在里边的人怎样过正常的生活？更别说还有几十层一百层的电梯了。举这么一个小例子，你可以推想其他。

大企业家盖茨（Bill Gates）认为，要解决开发带来的环保危机，必须想出一种办法，既能满足环保的需要，又能使资本家赚钱，善哉！这就是把垃圾变成黄金，也就是说，发明一种添加剂，使汽油没有废气，每加仑的推动力反而增加百分之十。例如发明一种方法，使化工生产不再污染土壤和水库，农作物的生产量反而因此增加了百分之二十，那样自然商人争着出售，工厂农场争着使用，当然也没有废气废料废水了。

这是一个创业的时代，一个步步登高的时代，一个突破已有成就的时代，一个从无望中发现希望并使其成为事实的时代。这就是现代！

点痣记

今天属于肯学习的人,明天属于肯改革的人。

女子不喜欢脸上的一颗美人痣,去找医生。

医生用一种腐蚀剂涂在痣上,造成一个小小的疮。

然后,疮口平复,微微隆起,如同长出一个小小的肉块。还不如留着那颗美人痣呢,至少名字好听。

现代人的许多兴革大抵如此,旧的虽美,也不留恋;新的虽有缺点,也勇于引进。

将来会怎样

它们究竟会怎么样,全看你现在怎样做。

需要解释一下吗?从前,养蚕抽丝是家庭副业,每年春季,都有一批蚕族化蛾产卵,留下后代。卵很小,很多,黏附在特制的纸上,星罗棋布。

一个女孩子初次看到蚕卵,问这些密密麻麻的小黑点将来会怎样。她的母亲说:"如果你不管它,它仍然是一片小黑点;如果你加温孵育,它就变成一只一只幼蚕;如果你用心照料,它们有一天会吐丝结茧;如果你疏忽,它们会病死饿死;如果你把茧放在沸水里,可以得到漂亮的丝和香喷喷的蛹;如果你听其自然,每一枚茧会钻出来一只蛾。它们究竟会怎么样,全看你怎样做。"

莫言祸福是循环

因果是必然,报应是或然。

有些原则,即使你因它受害,你仍然要坚决支持。

这话从何说起?某城,夜间,一辆摩托车撞倒行人,疾驰而去。幸而后面又有一辆摩托车来到,骑士下车察看,立刻雇车把伤者送进医院。不料伤者在急诊室里咬定这位见义勇为的骑士就是肇事者。警方查来查去,也认为他颇有嫌疑,而他自己又完全没有办法提出证据洗刷罪嫌,最后只好负担全部的医药费用,和解了事。

他频呼倒霉,见人就诉冤,一再叮咛相识的摩托车骑士不可停车救人。同情他的人很多,一传十,十传百,他竭力使这个故事流传得很广,从此拒绝再帮助别人。可是没想到在另一个时间、另一条马路上，他自己翻车受伤了。摩托车、汽车一辆又一辆从旁驶过，轮子上沾着他的血。驾车的人加速马力，他们都听说过那个"不可救人"的故事。

真正闯祸的人逃走了，伤者无法追究，索性诬赖好人替他付医药费，看来很聪明。一次不白之冤，对人性失望，完全否定见义勇为，自以为学到了聪明，其实都是小聪明。很遗憾，他们没有机会学到大智，因为"大智若愚"。

很多人努力美化家庭环境，兰花、茶花、海棠、玫瑰种了一片又一片，院子里铺满青翠的草皮，茑萝由墙里爬到墙外。却又努力丑化别人的心灵，使那些跟他生活息息相关的人一一失去纯洁善良，这样，他自己怎能活得宁静和谐？

与人为善、教人以善固然是对别人忠厚，也是替自己减少麻烦，比守着那几棵花浇水、除虫更要紧。只知道培植十步以内的芳草，忘了增加十室之邑的忠信，终有一天会真正追悔。

二

人所共知,你不能不知

一知半解,继续求知

无知固然有害,一知半解也误事。

有人到野外露营,他知道在一棵树下扎营易遭雷击,就选了一片空旷之处,他的营帐成为地平线上孤立竖起的目标,危险跟在一棵树下相同。

丈夫知道自己跟太太的血型都是 A 型,不会生出 O 型的儿女,他的孩子居然有 O 型的血液,这还得了!闹得满天风雨之后,这个丈夫才从专家那儿知道他的血型是 AAAO,有生出 O 型子女的可能。

陈西滢说,有人读书,读了《三字经》第一句"人之初"以后,不肯再往下读,以后看见"人"字,就断定是从《三字经》里抄来的。

所以,学无止境。"活到老,学到老"的意思是活多久就学多久,只要一息尚存。

女暴君

在敌人认为你最弱的地方,布下最强的工事。

在工作上有卓越表现的女子常常是很粗暴的。她在家中的态度可能很温和,但是她绝不把"温和"带到工作场地来。她的温和是真的,粗暴是假的,或者粗暴是真的,温和是假的。现代社会注定有作为的女子要一人扮演两种角色。

女子与男子在各行各业中并驾齐驱,是现代社会的特色之一。女子遭遇的难题是,男子对男子可以用"感情"来排除障碍,争取合作,而女子对男子则不可。女子若要坚守立场,贯彻意志,唯一的办法是戴上铁面具横冲直撞。这样,男人变得束手无策,因为男人也无法对女同事使用"感情"。非但如此,男人对女人也无法报之以粗暴。于是唯一"正确"的反应是对她让步。

女子天生的特点是柔顺。但是自从女子普遍就业而且"头角峥嵘"以来,社会即对有才干的女子进行大规模的"改造"。面对此一变局,男子反而由阳刚转入阴柔,对女中才俊表面让步,暗中防范。这又是现代社会对男子的"改造"。若在一百年前,女子这样对待男子,男子这样对待女子,都会被当时的社会评为"下流",而现在则是走向"上流"必须的过程。

男人的"阴谋"是给女人的发展定下一个高度,他们在战术上缓缓后退,在战略上却坚强挺进。已经有许多调查报告指出,男女升迁的机会不平等。女人也有她的战略:嫁一个有地位的丈夫,就可以在"天罗"上冲出一个破洞。

心像

年轻人的仙境:未来。

从前的读者听说某作者咳血而死,纷纷买他的遗著阅读。

现在的人听说某作者咳血而死,就赶快把他的遗著丢掉,唯恐从书页上吸进肺痨病菌。

林黛玉式的美人,葬罢落花,忽然吐血,令古人倾倒。可是现代人为之皱眉:好脏!

科学知识改变了人们的心像,世界似已重新造过,至少已开始重造。

以人为鉴

某种宗教说,所有的灵魂都不愿转世为人,视做人为苦役,独有一个灵魂自告奋勇。

天帝问他:"你有什么理由?"他说:"我前世为人,犯了很多错误,很希望有机会从头再来一次。"

"好吧!"他的要求得到批准。转世之前,依例要先喝一碗迷魂汤,他不肯喝。"喝下这碗汤,前生的经历完全忘记了,如何还能知道长短得失?"天帝告诉他:"放心吧,你犯下的错误别人也会犯,只要观察别人的行为引为借鉴就够了。"

这个故事以文学的方法诠释成语"以人为鉴"。鉴,镜子。镜子里的物像都是反面,我们从镜子得到灵感,看人的恶行、劣行、谬行反过来看,从别人的苛刻学习宽容,从别人的冷酷学习温情,从别人的懦弱学习勇敢,从别人的狡诈学习真诚。

另一种兴亡

"真我"的模样,没有"谀媚者"替你画的像那么美,也没有"诽谤者"替你画的像那么丑。

小张在某机关做事,主管某项业务,许多人有求于他,争着和他做朋友,周末下了班,纷纷邀他去打牌消遣,大家约定在牌桌上暗中让他几手,每次总是他赢钱,大家还要恭维他,说他牌打得好。

后来小张调职了,新的业务跟那批牌友的利害没有关系。大家还一起打牌,不过小张每赌必输,输了钱,还要受他们挖苦,说他的牌技太坏,简直"狗屎"。小张越想越不服气,他自问打牌很有进步,从前你们就说我的牌技高,现在只有更高才对,怎么会从前好、现在坏?又怎么会从前赢、现在输?莫非那些人的牌品可疑,串通作弊,用下流的手段赢他?

这令他百思莫解。直到今天,还没有猜透。

我有个写文章的朋友,跟大官做机要工作,多少刊物(尤其是公办的刊物)向他约稿,培养出他的自信,以为他的水准可以做专业作家。他喜欢自由,机要部门的约束太多,就辞掉职务,效法一般文人不事王侯。哪知道从此没人找他写稿,他主动投寄的文章也接二连三退回来了。他恍然大悟。后来老长官找他归队,他连忙收拾笔砚等奉此,并且再也不在公务之外舞文弄墨了。

很多人并不知道自己是什么、不是什么,更不知道自己什么时候是什么、不是什么。人人都有小张的遭遇:别人说他好,那是有条件的,把那些条件去掉,他未必好;别人说他坏,也是有条件的,把那些条件去掉,他也未必坏。听到恭维,不要自满;受到责难,不要灰心,只管好好做人,可不是好好打牌。

但愿也是你的格言

搜藏格言也是一种储蓄。

朋友相聚，主人说：今天我们不谈人是非，每人说一句格言。

此言一出，有一个人立刻起身说，对不起，我还有事，早走一步。还有两个人打开手机，另作神游。

好，大浪淘走了三个。

由 A 开始，她是小学教师，教学时经历过"国语"还是"母语"的烦恼。她说：反对语言标准化的人，常以维护"母亲的语言"为诉求。但是，多少人维护"母亲的语言"，并不听从母亲的话。如果听母亲的话，司法部的调查就不会发现：一九九九年全美的持枪谋杀案，有四分之一是青年人干的，年龄在十八岁到二十岁之间。

B接着说。他引用西谚:"命运抛给我们一颗柠檬,我们来做成一杯柠檬汁。"推而广之,命运给我们一颗球根,我们使它成为一粒种子;命运给我们一堆落叶,我们使它成为肥料;命运让我们做破铜烂铁,我们偏要化为一件古董。他是老人福利的工作者,看遍别人的一生。

那时国内要修长城,倡导每人捐一块砖,C有感而发,他说:有公德心,每个人是一块砖,可以筑城;没有公德心,一个人是一个缺口,可以溃堤。没有公德心,大家简直互相妨碍,互相陷害;有了公德心,大家可以互相保护,互相拯救。

然后D,一个佛门弟子开口了:我们每一个人都无计脱出因果,只能在因果中做个够格的人,有时谨慎小心做人,有时赴汤蹈火做人,不能完全由我,也不能完全由他。

下面的人陷入沉思,D问,我可不可以再说一个?当然可以。他说:每一滴水都可说是独立自主的,但是由于互动形成漩涡，就个个身不由己了。每一个人都可以自主，但社会是漩涡。

大家要求主人说一个，主人说，中国橘子移到加州仍然是橘子，而且是更好的橘子。但愿咱异乡人都是来种橘子、结橘子，不管以前是否吃到橘子。

这句话打开新的话匣子。B的共鸣：回首前尘，当初攀越的山，好像并没有那样高；涉过的水，并没有当初那样阔；流的血，并没有当初那样多；摔的跟斗，并没有当初那样重。我们毕竟是继续往前走，走得远了，背后的景物自然缩小模糊。A也有回应：各人头上一片天，各人脚前一条路，自求多福也就是了。C说：无论屡战屡败还是"屡败屡战"，问题在于究竟有多少进步，能进步，终有胜利的一天，"失败为成功之母"；不能进步，即使这一次胜利，下一次仍要失败，"失败为成功之子"。

剃刀边缘多珍重

制造危险的人先制造兴奋。

理发修面的时候,躺在椅子上,冰冷锋利的刀片和皮肤摩擦,觉得轻松舒适,也有一丝恐怖。这时候最容易体会到生命的快乐和脆弱。

从前有一个著名的音乐指挥,挥动手杖指挥乐队演奏,他沉醉在音乐里,或者说他沉醉在指挥的权力里忘乎所以,一棍子打在脚面上,皮破血流。当时没有放在心上,谁知道得了破伤风,这一代天才就消逝了。

不止一次发生过这样的新闻:年轻人登山,站在悬崖边照相,操作相机的人只看观景器,入镜的人只想用这张照片博取朋友的惊叹,两人都没料到镜头里忽然不见人影，人掉到悬崖下边去了！或者场景在海水中的礁石上，只因想留下一张惊险之作，竟然被海浪卷去了！

这里发生过一件谋杀案，美女引诱男子上床，趁他最兴奋的那一瞬间从枕下取出冰碓，猛击他的头部。冰碓是厨房工具，和"臼"配合使用，捣碎冰块，体积不大，沉重坚硬，可做凶器。制造危险的人先制造兴奋，这一招对现代的年轻人最有效，它瞄准了年轻族群的长处和短处。

生命的成长艰难，毁坏容易，我们对有用的身体要留意保惜，不可糟蹋。我看见一个未满周岁的孩子，朝母亲脸上打了一个清脆的耳光，母亲大吃一惊，旋即转为狂喜，逢人便说："我的儿子会打人了！打耳光打得很响！"我看见一个老祖父，把正在吃奶的孙子放在膝上，慨然叹曰："什么时候我的孙子能吃一个烧饼，我就可以瞑目而死了！"

金孙啊！他老人家瞑目之后，你自己到底能长多大呢！

擦亮我们的心灯

缘起于眼,缘尽于眼,眼是人心的仪器表。

从前的教育教人垂下眼皮望着自己的膝盖,现代的教育教人睁开明亮的眼睛望着对方的眼睛。

当你面对异性,尤其是当你是一个女孩子的时候,你应该望着对方的眼睛说话,那样才大方、坦诚,增加表达的能力。

当你望着对方的眼睛的时候,对方自然也望着你的眼睛,这样的交谈流露真诚,注意力集中。如果对方有什么恶念,他的眼睛会流露出来,你的眼睛会把它截堵回去。当然,你们双方的机会均等,如果你是胆怯的、自私的、虚伪的,你的眼睛也不会支持你。这是现代教育的特征,它开放了人的眼睛。

电视每天提醒我们应该如此，电视节目主持人永远盯住我们的眼睛不放，我们也同样对他。

教师在怀疑学生说谎的时候，常常吩咐那学生"抬起头来，望着我的眼睛说话"。望着我的眼睛，也就是让我望着你的眼睛。歇后语有"睁着眼睛说瞎话"，表示徒劳无功。

曾经看日本斗剑（其实是斗刀），发现选手在劈砍时并不看对方的武器。教练说，他们看对方的眼睛，刀动必心动，心动则眼动，看眼动就知道怎样出招，等他刀动的时候你就来不及了。

从前有一种职业叫秘密警察，他审案的时候一直盯住被告的眼睛，不许被告看他的眼睛。据说，当年甲国有一女记者，名气不小，甲国怀疑她是乙国的间谍，苦无线索。几年后，乙国有一重要人物逃到甲国来输诚，成为重要新闻，女记者也来参加记者招待会，秘密警察一直盯住她的眼睛。说时迟那时快，只见女记者和叛逃者两人的眼光碰触的那一瞬，显示两人早就认识。这一下子可就热闹了！

有一个女郎搭上一辆色狼驾驶的车子，那色狼把她载到荒郊野外，爬进后座。经过一番僵持，这女郎脱险了，因为她一直冷冷地望着他的眼睛，弄得他手足无措。

有一次，我和一个新来的同事闲谈，我说台湾有一种猴子，世界稀有的品种，很值钱，有一种猎人专门捕捉这种猴子。捉猴子很难，捉小猴子比较容易，你只要捉到小猴子，母猴自然会回来束手就擒。这位同事听到这里，眼圈忽然红了！为了他这个眼圈，我跟他做了五十年的朋友。

闪烁、犹疑的眼神会使一个人失掉很多朋友。昏暗的眼睛给一个人招来许多侵害。有人不愿意别人知道他怎么想，整天戴一副墨镜，进了屋子也不取下来，很阴沉，他有他的朋友，不需要跟我们做朋友。

睁亮你的眼睛！不但看的时候睁着眼，想的时候也要睁着眼。

三

接受,但是要思考

一段儿女经

男孩,穷养;女孩,富养。天之娇女,掌上明珠。

生男还是生女好?"生男好"!很多夫妇如此回答。

古人重男轻女,现代人也重男轻女,然而理由不同。在现代父母心目中,抚养女儿太担心了!女儿不漂亮,父母失眠;女儿太漂亮,父母也会失眠。女儿没有男朋友,父母着急;女儿男朋友太多,父母也会着急。女儿天真烂漫,不懂世故,父母为之心跳;女儿历经沧桑,饱尝世味,父母又为之心碎。

男孩走错了路,还可以浪子回头,大器晚成;女孩子走错了路,往往就"覆水难收"了!现代父母把女儿当作精神上的奢侈品,唯恐负担不起。"天之骄女"们有几人知道?

二度梅

年轻漂亮的小姐往往嫁给年纪比他大一倍甚至两倍的富翁。

富翁逝去,未亡人仍然美丽,她承受了大量的遗产,再找一个年纪比她小一倍的男人结婚。通常这个"小丈夫"会在妻子死后继续活着。他可能早在妻子的支持下经商致富,或者最后继承了妻子的遗产。总之,他后来有钱,可以再娶一个年纪比他小一倍的女孩子。

一位婚姻问题专家预言,若干年后,一个人结两次婚将是一种常态。前期婚姻男老女少,后期婚姻女老男少。

人类永远不会所有的老翁都是富豪,所有的少女都穷困。不论男女老少,不会人人都喜欢经济性的婚姻,但是这样的话题引人深思。

人境

"物我合一"的境界将"物"人化,不是将"人"物化。

古人以"桑梓"代表故乡,以"乔梓"代表父子,以"椿萱"代表父母,以"棠棣"代表兄弟,以兰草、桂树代表子孙,可见古人对他生存的环境如何亲切,他们能够把周围的事物伦理化,人跟环境调和一致。

现代人则不然,他们放眼皆是陌生的事物,对这些事物的秩序来不及做满意的解释。古人看见比目鱼想起夫妇爱情,今人看见热带鱼能想起什么?古人看见圆扇想起团圆别离,今人看见冷气机能想起什么?古人看见野草想起小人,今人看见高尔夫球场上的草坪能想起什么?古人夜半听见秋虫的鸣声想起纺织,今人夜半听见货柜大卡车的喇叭响又能想起什么？今人天天坐电梯、看霓虹灯、喷气机的白烟、摩天大楼的顶尖，但是看不出这些对他的生命能产生什么依附的意义。

现代人感到寂寞孤独，这未尝不是一个原因。也许要等到他能够非常具象地感到电梯、霓虹灯、冷气机都是他的同类，他才会舒适。可是现代社会的事物变动太快，也许在那一天来到之前，电梯、霓虹灯、冷气机先不见了！倘若不幸如此，环境将永远是如此陌生、矛盾、扞格难通。

于是我们的字典里多了一个新词：疏离。看解释，它是无意义感、无能为力感、社会孤立感、自我分离感。我们在读现代的新诗、看所谓抽象画的时候格格不入，正是这种疏离感作祟。好在现代人重物质轻精神，这种缺憾，他摆一摆手，也就算了……真的可以算了吗？

三人登山

一人不可单独登山,但是往往单独下山。

你知道登山的"规矩"吗?我是说训练有素的专家结伙去征服险峻的名山。他们三个人拴在一条长绳上,交替前进,倘若一人不慎失足吊在悬崖峭壁之外,其他两人要合力把他拉上来。倘若费尽力气,营救无功,悬空吊着的人最好自己用小刀割断绳子,坠入谷底,让其他两人去完成预定的计划。倘若那人没有魄力自作了断,那么其余两人中间的一个,就要掏出随身携带的小刀了。登山的人个个佩戴着一把利刃。

登山的人事先就知道如此如此,为什么还不退出呢?这几个同生不能共死的伙伴彼此相看,他们心里是什么滋味呢?只能说,天地不仁,给众生设下这样那样的棋局,不管是谁都只能这样落子。

不可忘本,必须创新

跟"创业"相对的词是"守成",不是"忘本",本不可忘,业必须创。

现在可不是从前那个"父亲做什么,儿子还要做什么"的时代。年轻人都在往前走,而且未必以老一辈所"守"之"成"为出发点。老子打算盘,儿子用计算机;老子蹬三轮儿,儿子开计程车;老子盖旧式瓦房,儿子造摩天大厦。我们并不需要先学好打算盘再去学使用计算机,我们建造大楼之前却必须先拆掉许多平房。下一代所做的,看起来好像是损毁、否定、淘汰上一代所做的。用传统论事的标准看,"创业"跟"忘本"倒像是很有些关联。其实不然!

新事物不会倒转过来符合旧观点,所以现代人要用现代人眼光看现代事物。蹬三轮儿是交通服务，开计程车也是，虽然计程车把三轮儿淘汰了，也只是提供了更好的交通工具而已。所以，演皮影戏的祖父有一个干电影导演的孙子，不是坏事，乃是喜事，那位电影导演没有忘本，只是创业。"百丈高楼从地起"，可是现在偏偏有一种建筑的方法，先盖大楼的顶层，然后一层一层往下盖。这也没有忘本，因为最后还是把百丈高楼建成了。

电视台曾经流行一种问答节目，由各学校组成代表队参加竞赛，计算积分，产生冠军。大家发现，问到巴黎铁塔、罗马歌剧、海伦、阿尔卑斯山，答得出来；问到岳阳楼、昆曲、妲己、峨眉山，答不出来。据说这是大势所趋，现代比古代重要，开发比落后重要。是这样吗？

本末先后

"社会",承接责任的地方。

电影的制片人、导演和编剧一块儿商量新片的故事,旁边坐着他们的顾问:主题导航员。这部片子要拍摄一座别墅为暴徒占据,住在别墅里面的男女老幼都成为命在旦夕的人质。一个英勇的青年决心潜入别墅营救他的亲人,那里面有他的父亲、妻子和幼儿。问题是他只能救出一个,谁是最恰当的目标?

编剧说:"我们让他先救自己的儿子。救孩子,几乎所有的人都会感动,买票看戏的人很多,救老人,只能感动一部分人,买票看戏的人就比较少。尤其是,这部戏打算进入美国市场,一般美国人都认为老人无用,后生可畏,下一代比上一代重要。"

顾问说:"中国是一个注重孝道的国家,二十四孝里面有一个榜样是郭巨埋儿。你可以日后生育很多儿女,可是你只有一个父亲。社会上有很多儿女不孝,但是电影不能公然遗弃老人。"

大家沉默片刻,编剧说:"这部戏主要的票房在国内,剧情要优先考虑国情,那就让男主角救出父亲,牺牲妻儿,怎么样?"

导演说:"这样的剧情对女性、已经生儿养女的夫妇、含饴弄孙的老人,都没有号召力。这部戏不但要热闹,也要感人。我们要让观众感同身受,要他们热泪滔滔。"

顾问说:"新女性主义一定激烈反对。她们的反应很重要。"导演转过脸来望着顾问:"把妻子救出来怎么样?爱情至上,女性观众很满意,男性观众也可以被说服,这一场戏我可以拍得很精彩。"

顾问提议:"男主角想救妻子,妻子坚决辞让,要丈夫先救父亲。这样也许可以两面顾到。"

导演摇头说:"现在国内已经没有郭巨埋儿的观众。妻子替孩子而死,大家可以接受;媳妇替公公而死,年轻的观众不能接受,他们会说不可能发生这样的事。"

电影可以把所有的人质都救出来,那是喜剧,也可以让所有的人质同归于尽,那是悲剧。但是这部片子偏偏要出一个难题,让观众耳目一新。良久,编剧忽然叫起来,吓了大家一跳。

"有了!"编剧说,"我们把男主角的身份改变一下,他不是任何人的亲属,他是一个警员。他深入虎穴救人,爱救谁就救谁,爱牺牲谁就牺牲谁,观众不会怪他,只要他救出一个人来就行。导演,你看怎么样?"

导演拍案叫绝:"太好了,这种麻烦事儿是应该交给警察去办的。"顾问欣然同意:"现在困难解决,构想成熟,一定可以通过电影检查。我回去等着看新片开镜的消息啦!"

怪圈

蒸汽在天,方为云霞;流星落地,即成陨石。

冷气机把废气喷向邻家,邻家也关起门来开冷气对抗,结果恶浊的气体在院子里回荡,等两家的孩子放学回家时呼吸。

汽车开得好快,为的是赶快甩掉尾巴冒出来的毒烟。可是不久汽车又开回来从这条路上经过,毒烟藏在空气中,开车的人正好自食其果。

人们绝不会因此不装冷气,不买汽车。因为不装冷气不买汽车的人只能呼吸别人制造的废气,无法作公平的回报。他怎么也不甘心。

星期天,他们关上冷气,发动汽车,全家到清流之旁、绿野之中尽量补充新鲜空气,为的是比别人迟一点儿再得肺癌。他对"胜利"所下的定义是：别人先得肺癌而死。

今天仍有利他主义，但是利他主义者无法等到汽车改良不排废气的时候再坐车。今天仍有理想主义，但是理想主义者无法等到冷气机改良不排废气的时候再装冷气。这是时代给他的限制。批评一个时代容易，超越这个时代很难。

国际上有个组织，大家商量减少"排碳"。开发资源要消耗能源，能源消耗时要排出二氧化碳，减少排碳就要降低开发，印度的代表发言反对，他说你们已经高度开发，我们印度还落后很远，我们不能停止，凡是你们走过的路，印度有权利再走一遍。

凡是你们走过的路！这话使人惊心动魄，想那会议之中，各国的元首和顶尖的科学家密集，发言盈庭，电视报纸特别把他这句话报道出来，震撼世界。凡是你们走过的路！这条路通往环保大限，世界末日，那怎么办！我也赞成挽救地球，但是不能让我先上十字架。

谁先上十字架？谁也不肯，因为谁也不相信别人。据说这有一条什么定理，大家公开约定、分头去做一件损己利人的事，必定失败，因为谁也不相信别人，即使别人真正去做，他更要偷偷地占些便宜。

毒牙武士

现代人站在叫作"成功"的礁石上,
苦练金鸡独立。

希腊神话里面有一个王子立志复国,他杀死一只毒蟒(倒有点像中国的斩蛇起义),把大蟒口中的毒牙拔下插在地上,转眼间每颗牙变成一个武士。这些武士互相残杀,最后余下五人,这最强的五个人就是他后来缔造功业的助手。(这就比斩蛇起义高明得多了。)

希腊神话的内容万古常新,所以现代仍有人喜欢引用。"毒牙武士"的故事荒诞不经,却足以令人找出某些现代意义来。现代工商企业同出一源,但彼此之间激烈竞争,团队元勋都是毒牙化身,别指望他们温良恭俭让,最后对社会的贡献由胜利者提供，一切成果也由胜利者独享。如果说这是毒牙武士的象征意义，倒也贴切。

你得注意，当毒牙武士互相角力的时候，那个把毒牙插在地上的王子是一旁静观的，内斗是外斗的训练营，你别指望领他裁判曲直，他只是等待天演的自然结果，不管哪几个武士胜利，都是他的胜利。这正是现代人对生存竞争的一般态度，这种态度和传统的"君子"大异其趣。

还有，在"毒牙武士"的竞技场上，那些失败者并不代表任何精神上或道德上的价值。他们没有留下记录，像黑板上的粉笔字一样被人拭去。这又是现代企业发展的写照。现代企业的斗士们只能紧紧地握住现在，有现在就有将来，有现在就有过去，失去现在就失去将来，也失掉过去。这又跟我国传统不合。我们的传统文化原是尊重失败者的，只要他也有值得尊重之处。

承认失败者也有过贡献，承认现实中的失败可能是精神上的胜利，原是我们传统的优点。试看我国历史家给坚守原则、抱持理想而失败的人写下那么多可歌可泣的传记，那些失败的人孕育了后代的胜利者，你会觉得这是中国史书的一项特色。现代企业家的传记尽是功成名就的人物，他脚底下有红毡，没有先烈的血迹；他头上有镁光，没有先行者的光环。传记家反复告诉读者这人有一百种优点，所以他成功了。不，这人成功了，所以一百种优点都属于他。

未来的社会对成功者更要锦上添花，对失败者（即使他有高尚的理由）将更不肯雪中送炭了！"高尚是高尚者的墓志铭"？恐怕连墓志铭也没有！西谚有云："跟失败者做朋友的人，不会是成功者。"这句话何等冷酷！但是又何等诚实！

迷失的一代

信任年轻人,让他们自己走出一条路来。

在农业社会中,父兄是子弟的榜样和导师,他们把行为的规范教给年轻人。

到了现代,在高度工业化的社会中,年轻人行为的榜样和解决问题的方法,是从他们的同辈中观摩仿效得来。父母参加意见的机会不多,影响也小。在这种意义下,现代的年轻人乃是"孤儿"。

农业社会的行为模式是凭代代积累的经验解决问题。现代化的冲击来了,使那些经验大半变成无用的东西。年轻人迎接挑战很少依赖上一代交给他的经验,他要凭个人的智巧和参考同辈们的智巧。

现代社会中的优秀典型是机警灵活的。"机警灵活"意味着某种程度的不守成规,"不守成规"又意味着某种程度的不合规矩——不合传统的规矩。坚守传统堡垒的人常常发觉他不喜欢的人都有了成就,原因就在这里。在传统观念中长大的父母对怎样管教子女逐渐失去自信,宁愿采取观望的态度,有些父母看见孩子的行为循规蹈矩反而忧心忡忡,发现孩子的行为有了越轨倾向而又不服管教时,无可奈何之余暗中安慰自己"焉知非福"。

如此这般,青少年的问题一天比一天多起来,父母一天比一天更要手足无措了!如果我们有"迷失的一代",那是天下父母,绝不是他们的子女!

我们常常听见这样的对话:父母絮絮不休叮嘱孩子要这样要那样,孩子反问:"爸,妈,我今年几岁了?"

是啊!几岁了?十八岁了,二十岁了,可以自己给自己定规矩,甚至有了犯错的权利。形势来了,我们接受,但是我们也要一同思考。

假如经验像扑满一样

要像一个数学家,还是要像一个医生?

咱们一向尊重前人的经验,"前头有车,后头有辙""前事不忘,后事之师"。后来出国流浪,才听说经验阻碍进步,经验不是给我们遵守的,是供我们打破的。

我在国外的第一个工作是为双语教学编中文教材,老板告诉我,不要把上一代的经验强加给下一代。他说尊重经验是农业社会的习惯,种田的方法年年一样,所以后人要跟前人学。

初闻乍见,我很惊讶。多少年过去了,我写这一段短文的时候,"经验无用论"好像已被中国人普遍接受。这也难怪,我们普通人一定会被时代思潮的主流淹没。

有人说,放眼古今各种学问,以数学的变动最小,平面几何由古埃及兴起,由古希腊完成,那是耶稣降生以前的事了,至今不废,十六世纪出现的微积分,现在仍然当令。医学的变动最大,几乎年年都要更新,医生必须每月阅读专业的期刊,每年出席本行的学术研讨,定期研读进修的课程,不断吸收新知识、认识新科技,否则难以继续开业。

我们立身处世,究竟要像一个数学家,还是要像一个医生?

说到科技,不由让人想起电脑。最初那个供实验用的电脑占地一千五百平方英尺,要使用一万八千八百个真空管。那样的经验,越快打破越好。

但是科技并非一切,不由让人想起社会的价值标准,人际的道德共识。即使"卑鄙是卑鄙者的通行证,高尚是高尚者的墓志铭",我们还要不要高尚呢?"经验是供人打破的"这句话,是否因为上述的缘故就可以无限上纲,没有例外?这个,我们还得思考。

四

古人能，今人不能

人才幼稚病

遭人"忌"和遭人"弃"完全不同。

"能耐天磨真好汉,不遭人忌是庸人",据说这副对联是左宗棠作的。对联风行,人才和遭忌画上了等号。一人若在团体中扞格难入,不合而去,必有人安慰他:"你是人才。""人才"有了理论根据和舆情支持,更坚定了"高尚其事"的信念、"落落寡合"的态度。择人而用者有了失败的经验,必定特别注意人的脾气性情,首先取其服从随和。世人常批评居上位者喜用"奴才",这种情势的造成,"人才"本身也要负很大的责任。

我们置身于有组织的现代社会,每一个组织都有"权源",每一人才都要在"权源"之下觅得一个位置始能一展所长。而这个"位置"要通过服从、随和的态度与全局调和。否则，人才也就只有"怀才不遇""抑郁以终"。如果谁用二分法咬定只有"奴才"才肯服从随和，那么理想的"人才"要具有"奴性"。他的工作态度与"奴才"没有多大的分别，只是动机和成效不同：人才是为了公众的利益，奴才是为了个人的利益；人才是为了发挥职位的功能，奴才是为了保全禄位；人才建功立业，奴才营私舞弊。但是两者都不肯轻易言去，都费尽心思使上级信任、部下服从、同事合作。

古代有一位"人才"，很受主人礼遇，主人每日三餐都为他准备好酒，尽管他从不沾唇，天天如此，从无例外。有一天，他发现餐桌上没有酒，认为主人忘了备酒，意味着对他的敬意减退了，立即提出辞职。那是古人的事，现代不是这个样子，现代的人才第一天就吩咐厨师撤去酒菜，告诉主人不必备酒。

今天的心

用今天的心为古人设想，
用自己的心为别人设想。

古时候，一个男子挑逗他左邻的女孩，女孩报以严辞厉色。他又去挑逗右邻的女孩，得到"善意的回应"。等到男子娶妻，他却讨来左邻那个拒绝挑逗的女孩，放弃了右邻那个"若有所待"的女孩。（那时没有婚姻自由，父母和媒妁决定一切。）

这个故事是苏东坡写的吗？有人说是冒名造假，我左看右看也不像。自己的心血为什么要用别人的名字呢？因为自己与草木同腐，文章挂着大文豪的招牌，即使标明是伪书也可以传下去。但求传下去就好！挺悲壮的。

历来读者都赞成这男子的选择，他们"假设"

他娶来端庄的贞妇，舍弃了"水性杨花"。可是，我把故事讲给今天的年轻人听，得到的反应是"为什么"？这一问，问出一个千古变局。

用自己的"心"替别人设想，你追求她，她拒绝你，当然是因为她不爱你，另有所爱，可惜没有婚姻自由，你凭当时不合理的婚姻制度娶她，硬生生把一对情人拆开了。另外那个女孩，你追求她，她表示喜欢你，情况正常，你偏不娶她，迫她去嫁给她不喜欢的人。结果你制造了两对没有爱情的婚姻。

用今天的"心"替古人设想，古代的男子还不知道待字闺中的女孩有权利喜欢任何一个未婚的男子，他们对女子心存恐惧，唯恐她们不贞。他们战战兢兢，神经过敏，希望女人冷若冰霜，只是一块冷冻肉，那时候，男人也很可怜。

今天的男人不必去制造这样的遗憾，尽管娶那肯接受他挑逗的女孩，少了多少奈何天、伤怀日。愿天下有情人都成眷属！

牛肉在哪里

哪有玫瑰不开花？哪有孔雀不开屏？

一个年轻人由乡下来到都市，向人问路，常遭白眼。起初，他不明白是什么缘故，后来他发现城里人问路要先说一句："谢谢你。"再问："到武昌街二段朝哪儿走？"才容易得到答案，不像在乡下问路，可以在得到答案以后再道谢。

另一个由乡下来的年轻人，到街角的小店里借打电话，朋友对他说："你在走进小店的大门之前，就把两块钱拿在手里，高高举起，让老板看清楚，知道你一定付费，而且付出两元。"

从前的人卖牛肉面，把肉埋在面下。现在则把肉放在面上，让顾客第一眼看见牛肉。

如果你要求别人合办一件事情,不要开口就说"你帮我一个忙好不好?"那是我们祖父常用的语句。到了你我这一代,你得先问对方:"要不要赚两千块钱?"

联想一下:中国历史上有姓胡的父子二人,都是大官,也都是清官,儿子名叫胡威,因为留下一句话而声名超过父亲。那是司马炎做皇帝的时候了,他问胡威,你们爷儿俩都是清官,彼此之间有什么地方不同?胡威说,我父亲是清官,唯恐人家知道他是清官;我是清官,唯恐人家不知道我是清官,意思是我比父亲差一些。此言一出,永载青史,化为典故,叫"清恐人知"。

要想现代的年轻人明白为什么"清恐人知"高出"清恐人不知",恐怕要大费一番唇舌,此刻按下不表。现代人看来,既是清官,当然应该让人知道。哪有玫瑰不开花?哪有孔雀不开屏?哪有歌手不开腔?哪有商店不开市?言归正传,哪有卖牛肉面的不让人看见牛肉?

他能,你不能

良医处方,随各人的病情和医药的进步,
不断变化。

有一位朋友,在一家以制造冰箱、电视机驰名的公司里做业务主任,家境不错。他把一个贫病交迫的同乡收容到家里来,看顾调养。他说,他的祖父当年乐善好施,家中常常有人寄食养病,他如今偶一为之,也算是门风依旧。

可是,他的祖父从未经验过的事,却在他的家里发生了。当他全家外出旅行的时候,那个在家养病的同乡(这时他已经复原了)表演"大搬家",席卷家中所有值钱的东西逃之夭夭。

他旅行归来,一面清点失物,一面听亲戚同事邻居的抱怨,怪他不该把"外人"留在家里。他苦笑一声："我的祖父常常这样做，我为什么不能呢？"

你不能。因为祖父的房子是深宅大院，内外有别，你的房子是一层公寓，不能制造距离。在祖父的时代，社会结构简单，要想帮助别人，只有打开自己的大门。现代社会今非昔比，你要帮助一个病人，可以送他进医院；你要帮助一个失业的人，可以送他进职业介绍所；你要帮助一个露宿街头的人，可以送他进旅馆。你不必留他在家。

祖父的家中有弟兄，有子侄，有门丁，有长工，有丫头奶妈，有街坊邻居。这个家永远不会成为一座空城，不易启人盗心。现在，你的家不同，你全家早出晚归，你的邻居也是。你们的家一向是盗贼的目标！所以，古人能做的事，你未必能做！

再说下去，就是"人心不古"了。孙中山先生称赞中国人讲信义，做生意不需要签合同，我想那是简单的一笔交易，例如在市集上买卖牛羊，若要多财善贾那就说来话长。金钱来往，全凭口头约定，你说他是这样说的，他说我是那样说的，在旁纵有第三者，事后未必记得清楚，纵然记得，未必能诚实做证，结果大伤和气，失上加失。所以现代人做生意不但要签合约，而且由专门签约的律师出面，双方有一番博弈攻防。

我也见过弟弟向哥哥借钱，照样签下字据，借多少，什么时候归还，要不要利息。有合约，到了时候你可以撕掉合约，不要他还钱，双方都高兴，彼此增加手足之情。没有合约，他不还钱，双方的滋味就不同了。

我见过今人做生意的合约，不但一条一条记明怎样合作，还一条一条记明怎样拆伙。我见过今人结婚的合约，不但一条一条记明怎样共同生活，还一条一条记明怎样离婚。因为他们是今人，不是古人啊！

创造你的知音

社会的平均水准愈高,个人的独特成就愈大。

俞伯牙是一个音乐家,他的琴艺造诣高超,当代几乎没有什么人能够欣赏领会,只有一个钟子期是他的知音,两人因此成为莫逆之交。俞伯牙常常在高山之下、流水之间,为钟子期一个人演奏,彼此的心灵在琴中融合为一,与大自然浑然俱化。

不久,钟子期得了急病,猝然去世。俞伯牙失去了他精神上唯一的支持者,内心十分悲痛,他举起琴来朝岩石上摔去,琴是用很薄的木材造成的乐器,名家弹奏的琴往往有几百年的历史,十分干燥,这一摔,成了碎片。既然没人听得懂,还要它做什么!他决定从此不再弹琴了。

这是古书上的记载，到了现代，发现另有版本。俞伯牙沉淀了一段日子，有一天忽然觉醒，他知道他的艺术属于民族文化，是人人有权享用的一笔财产。只有一个钟子期是不够的，甚至只有一个俞伯牙也不够，要有很多音乐家来提高大众的水准，要有很多的欣赏者来支持音乐家的志业。于是他咽下悲哀，抖擞精神，一边设帐授徒，一边旅行演奏。他热爱听众，忘记疲倦，慢慢的，听众也狂热地爱他，对音乐不再有神秘和疏离的感觉了。

到俞伯牙晚年，他的国家是当时音乐家最多的地方，是音乐人口比例最高的社会，是音乐风气最盛的国度。多少人崇拜他赞美他，说这一切都是他的成就。他听了这些话表情淡然，他真正想听到的是这么几句话："钟子期没有死。钟子期已经复活。钟子期无所不在。"

可是这几句话偏偏就没有谁对他说过。

考卷上一道题

所谓现代化,听他遣词用字。

有位仁兄,大概五十几岁了,提到一个生来失明的孩子,称之为"小瞎子",而且"瞎"字读轻声,"子"带儿化音,说得轻快,听来轻佻。我有理由怀疑,这位仁兄久住"未开发地区",受教育不多,从未参与慈善事业。

所谓现代化,由一些名词的汰换可以指证:原来说残废,后来说残疾,再后来说残障,现在说机能障碍。原来说瞎子,后来说盲人,现在说视障。原来说聋子,后来说失聪,现在说听障。每一名词代表一次开化,一次进步,听他遣词用字,知道他是哪个阶段上的人。

名词的背后是观念,我小时候,民间信仰认为那人犯了罪,造了孽,残疾是天谴,是报应。现在认为全世界有四千万人失明,原因很多,他们的先天体质、卫生习惯、医疗水准、教育程度、经济能力,都有关系,盲者本人并没有责任。现代化的人应该同情他们,帮助他们。

现代社会有一个明显的亮点,造就了许多机能障碍的人,在各行各业成为明星。例如印度尼西亚有个人,名叫Zachmad Zulkarnmin,四肢仅有上臂,他用上臂和脸固定相机,用嘴巴和下巴按下快门,成为摄影家。例如华东理工大学毕业生高羽桦小姐,生来就有听觉障碍,从前,这样生来就聋的人也是哑巴,她听不见人家说话,不能学习。现代有所谓特殊教育,使她能够读完大学,并且在毕业典礼上致辞,这一段视频上了网,有三千万次以上点击。还有,芝加哥男孩马龙,右手机能障碍,他用左手练习弹钢琴,遇见名师,告诉他世上有只用左手的钢琴家,也有只用左手弹奏的曲子。他半工半读完成大学学业,七十八岁开第一场音乐会。

如此这般,现代社会对机能障碍的人就不仅是同情了。

你高兴还是我高兴

传统训练我们处处要委屈自己，体贴别人，让对方高兴，但是现代人渐渐反其道而行。

从前，替朋友办事，事成，要告诉朋友此事办来轻松容易，以减轻朋友心理上的负担。现在，替朋友办事，事成，要告诉朋友此事颇费周折，得来不易，以加强朋友的印象。

从前朋友托我买东西，我唯恐买贵了，对不起朋友，就暗中"贴补"十分之一的价款。朋友问："这是从哪一家买来的？"我只好支吾其词。朋友指一指我的鼻子："你找到了价钱便宜的商店，竟不肯透露地址，真不够朋友！"

有一个青年到美国留学，晚间去探访他的指导教授，双方谈得很融洽。最后，这青年站起来说："时间不早了,老师和师母要休息了,我该走了。"这个中国学生自以为很有礼貌,谁知教授太太听了很不高兴,她说:"你想走就走好了,为什么把责任推在我们身上?"学生愕然,不知道错在哪里。

有人用中美两国的国情不同来解释其中缘故,这现象也可以看作农业社会培养出来的观念与工业社会培养出来的观念有其差距。传统训练我们处处要委屈自己,体贴别人,让对方高兴,但是现代人渐渐反其道而行。你说九寨沟的风景好,他毫不客气:张家界的风景更好,可惜你没去过!放大自己,压倒对方,要对方不高兴自己才高兴。

自己说自己不好,别人会说你好,这叫"谦受益",好比地上一个坑洞,四面八方的水都流进去。可是,自己说自己不好,别人也真的认为你不好,四面八方的水仍然流进去,都是脏水。有一个故事外交界流传至今,驻法大使在餐馆宴客,他在对来宾致辞的时候说,酒菜不好,请各位不要介意。这是农业社会的礼貌,法国人不懂,餐馆老板要告状,说是妨害了他们的名誉。

从前的女子说自己长得丑,让人家发觉她美,现代女子说别人长得丑,也是为了让大家觉得她美。

有人写了一本书,交给一家书店出版,此书畅销一时,大家都说写书的人帮了那书店一个大忙。写书的人依照他从农业社会带来的习惯说:"哪里,我的书不容易找到出版的地方,书店帮了我的忙。"这一句客气话人人信以为真,连那家书店也深信不疑,自居有功,因为他们生活在今天的工商业社会中,怎么也想不出那位作者要说假话的理由。

中国人为自己写的书作序,往往说这本书的错误和遗漏在所难免,请各位学者专家指正。现在看不到这样的客气话了,因为这期间有人大声责问,你明明知道有错误有遗漏,为什么不自己改正补充再出版?

急就章

危机:危险中有机会,机会中也有危险。

从前农业社会里的人不信任陌生人,儿女(尤其是女孩子)从小就从父母那里得到足够的警告:不要跟陌生人交谈,只有来历明白、背景清楚的人才可以打交道。"本人出国经商,诚征淑女结婚后同行。""留美学人征婚,代办出国手续。"这样的广告也能产生效力,促成姻缘,百年前的人做梦也想不到。

现代社会的成员来源复杂,而人与人之间的临时性组合又随聚随散,向来没有见过面的人可以一块儿商量做一票生意,大家有自己的律师,彼此靠契约和契约背后的法律联结起来,知道有风险,但是愿意冒险。

谁来竞选，谁能当选

多看蝉蜕，就知道蝉如何长大。

公众集会活动开始了，第一件事是分组推选小组长。甲组的两位候选人互相谦让，都认为对方的才学和声望高出自己之上，都认为自己不配领导全组。后来，大家管这一组叫"古典组"。乙组的两位候选人则展开热烈的竞争，各自提出服务计划，保证能使全组的成员满意，大家管这一组叫"现代组"。

无论"古典组"还是"现代组"，选举过程都充满了掌声和笑声，候选人的谦让或竞争都多少有几分制造热闹的用意在内，"古典""现代"的名称也是以开玩笑的口吻加上去的。选举的结果人人可以预料。

在"古典"的作风里面,谁先放弃谦让谁当选,在"现代"的行为里,谁先放弃竞争谁落选。以谦让对谦让,有限度谦让者胜;以竞争对竞争,无限度竞争者胜。若是以竞争对谦让呢?结果人人猜得出来。这可不是说笑话,这是很严肃的事实。

当初那个产生谦让美德的社会,跟现代社会不同。在那个社会里面,一个人要是说自己才疏学浅,别人会以为他是深藏若虚,那个社会盛行使用"加法"。到了现代,一个人要是说自己清廉公正,别人还怀疑他难免也有徇私枉法的时候,这个社会盛行的是"减法"。卖瓜者自卖自夸,别人还以为你篮子里也有苦瓜,倘若自谦瓜不甚甜,后果岂堪设想!

农业社会中养成的谦让习惯,在现代都市的电梯和公车门前完全暴露出弱点来。进电梯和挤公车,依序而入,该上就上,你推我拉反而扰乱秩序。自己站在公车门口让别人先上车,除非是让给老弱孺妇,站在你背后的人会暗暗骂一声"混账",认为你妨碍了他的机会。有车不挤,等下一班,车上的人以为你要等朋友,或者认为你神志不清,没有人承认还可能有更高尚的动机。

现代社会是一个市场,人才是标价或未标价的商品,你是你自己的推销员,你是把你自己介绍给需求者的一个媒体。十年以后,如果再举行公众集会活动,还有没有"古典组"?令人怀疑。即使还有,想象中"现代组"的听众将兴高采烈地迎接结果,大家欣赏互争雄长的场面,认为双方有理由相持不下,"古典组"的听众则可能一脸不高兴的神色,认为他们的候选人拖泥带水,浪费大家的时间。

选择角色

我们不能改动剧本,但是可以选择角色。

从前,主官甄选职员,希望入选者只在寥寥两三个机关服务过,如果经历的机关太多,而在每一个机关服务的时间很短,就认为他恐怕不是一个好职员。现在,工商企业界有人不断"跳槽",而身价却年年增加。承认人才有权"见利思迁""择主而事",是现代功利社会的特征。

从前,员工跟他的服务机关是伦理关系,你给我的薪水少,我也不走。可是,有一天我的工作能力衰退了,你也依然留着我。再说一遍那句话:他能,你不能;古人能,今人不能。现在,双方是供求关系,马儿往草肥的地方跑,等到马儿跑不动了,也就没有人再给它草吃。

这一情势,在世界各地逐渐出现。社会厌弃老而无成的公民,老板排斥白头恋栈的职工。有作为的年轻人未雨绸缪,趁着蜜蜂能飞时采百花以成蜜,宾东关系极不稳定。老板虽然不愿意能干的助手另有高就,助手若发誓一辈子追随到底,老板反而要吓一跳:这人将要成为我的包袱吗?太可怕了!

这里有一位超级大老板,事业成功,称雄一方。他是军人出身,有安置退伍官兵的观念,成立了几个周边组织,让那从第一线退下来的资深员工安身,他这样做,可以解决很多问题。后来他的儿子继承父业,改变作风,你在你的专业岗位上不能作出贡献,有你的退休金,有你的资遣费,支票发出去就两世为人了。他不能像他的父亲那样做,那会发生很多问题。

这个事业,在父亲领导下,像个家庭;在儿子领导下,反而像个军营。此一时也,彼一时也,作风不同,可以比较,难评优劣。总之,现代人知道得越多，抱怨越少，不能创造，就要能适应；不愿适应，就得能创造。

速成和速毁

没有一成不变的成功,没有一劳永逸的成功。

昔人说:"三年可以出一个状元,三十年才出一个戏子。"那是指农业社会的情形。现代电影事业只要花一年半载就可以制造一个明星,电影企业有一套周密的办法使明星"速成"。

快餐面、速成咖啡、速成钻石、速成来杭鸡……这是一个速成的时代。

速成的另一面是速毁。这也是一个速朽的时代。多少金牌得主、后冠得主,其兴也如狂风骤雨,家喻户晓;其去也灰飞烟灭,春梦无痕!连"立德立功立言可以不朽,文学艺术可以永恒"这样的认知也动摇了。

上一辈的人，若是在他的服务单位里立下什么汗马功劳，他就可以一辈子吃他的这一点功劳，不必进步，不必努力。这一辈的人，竞争激烈，演变迅速，每一次"成功"的效益都是短暂的。没有一成不变的成功，没有一劳永逸的成功，没有终身享用不尽的成功，成功是一个高潮接一个高潮，一个纪录破一个纪录，成功的人需要不停地企划、不停地进步、不停地努力、不停地创造。

还有，不停地淘汰。

在现代，成功的人永远不能知足，永远不能停留，永远无法"持盈保泰"，别人也不崇功报德。他要攀越一座又一座高峰，他在一次成功即将到来的时候，立刻开始"预料"下一次的成功在哪里。昙花一现的成功，将与失败的意义相同。

第二次世界大战期间，丘吉尔任英国首相，文韬武略，可以说功勋彪炳。后来，英国人觉得不需要他了，就在战后大选的时候舍弃了他领导的保守党。新闻报道，丘吉尔听到败选的消息说了一句话：

"伟大的民族都忘恩负义。"是这个样子吗?他是这样说的吗?

多少事,前人可以,后人不可以,连丘吉尔都不可以。

五

深入人海,重新看人

为什么过河拆桥

大新贸易公司招考公共关系人员,五百多位年轻人报名应试,竞争激烈。考卷上有个奇怪的题目:"为什么有些人喜欢过河拆桥?"

阅卷委员把成绩最好的前十名试卷送到老板手中,这十名应考者多半抨击过河拆桥的人忘恩负义,虽然写得文情并茂,却引不起老板的注意。有一个应考人的答案别出心裁,他写的是:"如果前有大河,后有追兵,我们就得过河拆桥,防止敌人跟上来。"老板指着这份卷子说:"这个人头脑灵活。"

但是老板并不满足:"五百人中间,难道没有人能够提供更好的创意吗?"他从落选的试卷中发现另一个应考人这样写着:"过河拆桥的原因是,前面还有河,需要使用仅有的材料继续造桥。"老板拍一下桌面说:"我找到了!"

公开的秘密

倾心吐胆使古人增加勇气,使今人受到压力。
言无不尽使古人感到热情,使今人觉得浅薄。

我仿佛看见有人来到古人身边,悄悄地说:"告诉你一个秘密,你不要告诉别人。"古人立刻与他握手,感谢他的信任。

我仿佛看见有人附在现代人耳旁说:"告诉你一个秘密,你不要告诉别人。"那现代人立刻退后一步:"既是秘密,知道的人愈少愈好,你何必告诉我。"

知道了人家的秘密,就要分担保密的责任,那件事跟公共利益有关吗?值得你分担责任吗?此其一。你知道了人家的秘密,人家就拿你当敌人了,你有必要多一个敌人吗?此其二。那个喜欢说"告诉你一个秘密"的人,往往也把这一套话告诉别人,所谓秘密，早已公开。此其三。还有，所谓秘密，是真的吗？会不会是谎言？误传？此其四。"无话不谈"的朋友只是一个爱讲话的朋友而已，未必就是能够共秘密的朋友。此其五。

朋友不能无话不谈，也要有所不谈。不能无话不听，也要有所不听。你谈了什么，是你的智慧；你听见什么，是你的运气。朋友不能欺骗，可以隐瞒，隐瞒了什么，是你的不得已。因为你已是现代人，不是古人。

引申下去：倾心吐胆使古人增加勇气，使今人受到压力。言无不尽使古人感到热情，使今人觉得浅薄。议论风生，倾倒四座，在古代使人羡慕，在现代使人嫉妒。你说得多，泄露的底牌也多，给人的把柄也多。"你有权保持沉默。如果你不保持沉默，那么你所说的一切都能够用来在法庭作为控告你的证据。"和新朋友见面，可以想想警察说过的这句话。

我是不是说得太多了？没关系，这些话，也早已是公开的秘密。

手套,什么意思

一旦挑战来了,就将证明自己是何等人。

德国诗人席勒(Friedrich von Schiller)写过这么一个故事:

当年欧洲的贵族有一个娱乐节目,欣赏猛兽互相搏斗,国王、贵族、名媛坐在高高的看台上,俯视狮子和虎豹拼个你死我活。在席勒笔下,斗兽场中,一只狮子出现了,一只老虎也出现了,两者互相仇视,杀气弥漫。又来了两只豹子,情势紧张到极点,谁也没想到,这时从看台上又丢下来一只手套。

这是一只女人的手套,由他的女朋友丢进圈中,正落在狮子和老虎中间。只听得这美女对她的男朋友说,你如果真心爱我,就去把手套拾回来。众人这一惊非同小可,那男士却非常镇静,走下看台,走进场中，走到老虎和狮子身旁，捡起手套。他走上看台，回到座旁，把手套丢给那位美女。

全场观众，包括国王在内，一致欢呼，那个丢手套的女子更是高兴万分，准备给她的爱人一个热烈的拥抱，没想到，她的男朋友把手套冷冷地掷给她之后，径自走开，跟她从此绝交。

《手套》，这个故事是什么意思呢？有哪一家父母告诉女儿可以这样丢下手套呢？有哪一个老师告诉学生可以这样拾起手套呢？看台上不是还有国王吗？他为何不下令中止表演，由驯兽师专业处理呢？我们庆幸斗兽场毕竟不是丛林，虎豹也少了一份野性，多了一份人味。你看，人生在世，有时候会在万众之中突然变成孤立的演员，而你断然丢开父母老师写好的剧本。设身处地，如果你是故事中的主角，你将如何表演呢？想一想，把心情意念写下来，好好收藏，三年以后拿出来看，心情意念一定有改变，那么接着写，写出新答案，收藏起来，再过三年……这一次又一次的记录，就是你的阅历，你的智慧。

发烧的蚂蚁

你参加过飞机场送行的场面没有?再见声中大家混乱握手,不知道谁握了谁的手。你参加过各式各样的大会没有?到会的人热烈地互道"好久不见",即使是上星期刚刚一块儿开过另一次会。有人专门到贺客盈门的大饭店白吃喜酒,男方以为他是女方的客人,女方以为他是男方的客人,其实他都不是。有人在许多学校兼课,所开的是同一课程,自己忘了这个星期该讲哪一章,把上星期讲过的又重复一次,等等。

这些事在一百年前都不会发生,这些错误是"现代化"以后的错误。现代都市生活可以用一个字来形容:"热",热得发昏。有一个社团到中南部乡村访求一生没有见过火车的人畅游台北,这些人对新闻记者说:"台北好热!"有人则回去悄悄地告诉亲友:"大城市里的人很奇怪,好像个个在发烧!"听他这么一说,不免想起咱们的俗语:热锅上的蚂蚁。更进一步,还有田纳西·威廉斯一个剧本的名字:《热铁皮屋顶上的猫》。

对,标准的现代人尽管发烧,但是不会生病。在现代社会中一个人想要成功,必须有惊人的敏捷、惊人的健康,加上惊人的记忆力。向来成功的人要具备这些条件,现在尤其严格。

有一个人在竞选期间整天跟人家握手,像他的对手一样。可是他失败了,因为竞选活动进行到最高潮的时候,他的手肿起来,而他的对手安然无恙。

另外有一个人在饭桌上战胜他的对手。他俩自从成名以后,都没有在家里吃过一餐饭。他们每天要在两三个地方进午餐,又要在三四个地方应酬晚餐,每到一个地方,喝一杯酒、吃一两个菜就走。他们从没有吃饱过。结果,他的对手得了严重的胃病,只好退出竞争。

你中有我，我中有你

"与怪物战斗的人，应该小心自己不要成为怪物。"尼采这样说。这位德国的哲学家，也曾迷倒一代中国人。最后两句"当你凝视深渊时，深渊也在凝视你"。如同写诗，所以有人把他的著作列入文学。

辩论本是一方想说服另一方，实际上往往是双方交换思想。近在眼前，自由主义和集体主义相互为敌，一个自由主义者和一个集体主义者相互辩论的结果，两个人互换了位置。一个主张"性开放"的女子和一个主张守贞的女子做了朋友，两个人都批评对方的思想和行为，结果那个开放的人收敛了许多，那个一向保守的人却渐渐没有那么拘谨了。你是否记得，一个慷慨的人，自从他跟他那个小气的朋友激烈争吵之后，也开始精打细算，那个小气的朋友也忽然大方起来。

纪伯伦也写过一件事：两位学者，一个是无神论，另一个信仰上帝，两个人一见面就辩论。有一天，他们在一场激烈的辩论之后，那个无神论者到神殿里匍匐跪拜，求神宽恕他的罪；另一个教徒烧掉经典，再也不相信有神。

这个过程在夫妻之间特别明显，俗话说"一床被不盖两种人"，除了"夫妻脸"还有"夫妻脑"，双方的思想都不能永远保持本初，总是一面发展一面加减乘除，经过多年沟通，多半像赵松雪夫人写给她丈夫的《我侬词》："将咱两个一齐打破，用水调和。再捏一个你，再塑一个我。我泥中有你，你泥中有我。"别人看来，怎么太太越来越像丈夫，丈夫越来越像太太了？

为了避开"深渊也在凝视你"，有人尽量不去凝视深渊。那么，多看几眼山中白云、石上流泉吧，多听几场古典音乐演奏吧，带着糖果多去几次幼稚园吧。

你我他

人工昂贵,而且自动化的机器愈做愈精巧,有一家商店的老板决定全部采用机器人代替店员。机器人能够把一个店员分内应该做的事情做好,而且任劳任怨,不眠不休。老板非常满意,无奈顾客却是一天比一天减少。他对所有的顾客发出调查问卷,从收回的答案中发现顾客不喜欢和机器来往,因为机器没有"个性"。

商店老板要求制造机器人的专家想办法。专家把这些机器运回工厂,增加设计,把"个性"放进去,重新运回工作岗位。这回它们显得像个"人"了。可是一个月后,它们集体怠工,向老板提出抗议,理由是老板没有顾到它们的自尊心。

这一则寓言把人和机器做了一个巧妙的比较。人之可贵、可爱，在他有个性。一个人如果没有个性，你不会喜欢他，但是一个有个性的人给你带来的问题是"如何让他喜欢你"，也就是说，人们如何能够在自己的个性里面，有足够的空间容纳别人的个性。

叔本华说过，人好比刺猬，彼此靠得近了会刺痛皮肤，距离远了又觉得寒冷。我们如何可以不做这种刺猬，发展自己的个性也尊重别人？

新闻报道，常有独居的老太太，最后把她的遗产留给某一个餐馆的女侍，甚至留给她的狗。人需要人的温暖，甚至需要动物的温暖。不能想象将来有人把遗产留给机器。机器人仍是机器，不是人。

在那人对人彻底失望的年代，我写下："遇难落海的人紧紧抱住浮木，最后他还是得相信水手。通宵赶路，傍山穿林，我情愿遇见强盗，也不愿遇见狼。"

"学习怎样跟你的兄弟相处。"这是黑人民权运动家金说的。学习怎样跟"人"相处，是这篇短文要说的,开个头,请你接着说,每天想一想,写在日记本上,说不定将来也是一份宝贵的"遗产"。

热爱过程与追求结果

"天才就其本质而论，只不过是对事业、对工作过程的热爱而已。"这是高尔基说的。写到这个名字心中一惊，这位俄国作家，当年是我们的偶像，现在怎么好像被淘汰了？不但作品难得见到，可以流传的名言也不多了。

他的这句话很漂亮。类似的名言很多，例如爱默生说，耐性是天才必不可少的素质之一；爱迪生说，天才就是百分之九十九的汗水加百分之一的灵感。只有高尔基先生拈出"过程"两个字来，与众不同。对天才而言，最重要的是工作的过程，而非结果。现代家庭，父母希望子女学医，收入高，受尊敬，那是看上了学医的结果。女儿偏要去学做西点，烘焙面包，她喜欢闻厨房的香味，看面团发酵变色的样子，这是偏重过程。结果和过程的争执，常常造成两代之间的隔阂。

有人怕见血，有人怕闻消毒药水，谁家子女如果有学医的天分，这些他都不怕，他会爱上医疗过程的每一个细节，如作曲家爱上每一个音符。他不厌反复，乐此不疲，他的天才在过程中发挥，所有的过程在他的天才中完成。只问过程，不计结果，正是今天年轻一代的特色。

平心而论，有些工作需要天才，但并非可以完全不要努力；有些工作需要努力，也并非可以完全没有天才。高尔基不相信神话式的天才。那年代，有人凭聪明和机遇取得发言权，一再宣称如果没有天才，努力也没有用处。可是那年代，中国需要流汗的人，不需要流口水的人，也就需要高举高尔基、爱迪生这样的天才论。一百年过去了，中国又到了想想他们这些话的时候。

谁来除三害

"除三害"的周处本来横行乡里,欺凌善良,后来忽然悔悟,上山打虎,入水斩蛟,用功读书,成为名臣。

周处的故事还有一个重要的意义:对坏人不要绝望,手里握一把屠刀的人,有立地成佛的资格。好人的价值在于做好事,做好事要有本领,而坏人是有本领的人,唯其有本领才欺压善良,唯其有本领才入水斩蛟。如果坏人不肯坏到底,不知什么时候有一念之转,把那一套"功夫"拿来正用,所有忠厚老诚谨慎自爱的人都要黯然失色了。

先贤对待坏人,多半主张留些余地。否则,自新之路断绝，他就把心一横，干脆坏到底，这个坏人就是好人制造出来的了。

假如人像秋千一样

春风春雨有时好,春风春雨有时恶,
春风不吹花不开,花开又被风吹落。

从前的社会,人跟人的接触较少,人跟人的关系比较稳定,人情味比较浓,情感得失看得严重。现代人若是那样活,就辛苦了。

现在什么都有数字,不知我们今生要接触多少人?小学、中学、大学,男生加上服兵役,进入职场。坐车、购物、旅行、看医生,女生加上育婴、买菜、洗衣、数不清的人像风一样吹过,这些人不能说不重要,多少事由他们发生,多少事因他们结束,他们却也像风一样不留恋,没感觉。

人迎风送风,那一丁点儿自主性,也就像坐秋千,一会儿荡过去,一会儿荡回来。被动、主动,似是而非。于是:得不必喜,失不足忧,尽其在我,听其自然。

职业造人

职业造人、嗜好造人、环境造人。
探测这种职业、嗜好、环境将来会把我们变成什么"东西"。

中国电视事业创办之初,人才缺乏,延聘节目主持人的条件很宽,有一位精明厉害的小姐得到了这个职业,她的模样叫人一看就觉得是那种难以和平相处的人,她的腔调叫人一听就觉得是那种难以融洽交谈的人。你在社会上见过这种事事要占上风、事事要别人为她设想的角色,你应付这样的人早已够累了,简直希望别跟这样的人同住在一条巷子里。可是她现在天天在你家客厅里,介入你的思想跟生活。

几年以来,这位小姐不知不觉有了改变:她的口型变了、腔调变了、面部轮廓变了,更重要的是眼神也变了。她变得善良、柔美、和蔼、亲切，至少在屏幕上看来是这样。电视节目主持人本当如此，现在即使用很严的标准衡量，她也是优秀的主持人。想知道她是怎么变的吗？她了解电视观众需要什么样的人，她在日常生活中竭力观察模仿，她在预备节目的时候再三揣摩排练，久而久之她逐渐跟那标准符合，她变成一个新人。

跟这位小姐走进电视圈的同时，有一个青年人被电视剧的导演临时推进排练场饰演一个品性恶劣的配角。导演用心指导他怎样把自己设想成一个坏蛋，再怎样表现出来。他也用心学习。从那以后，他经常有机会在电视剧中担任反派的角色，沉浸其中，自得其乐。他的气质、模样也起了变化，现在，即使在屏幕外，他也像一只"鹰犬"了。

美国电影明星杰克·帕兰斯（Jack Palance），在西部片中演歹角，一再提名竞选奥斯卡最佳男配角，观众印象深刻。他希望能在银幕之外，在社会生活里建立另一种形象，努力做一个好人。在摄影棚里，导演一声camera,他得动恶念,伤天理,戏就是人生,他那一脸木刻似的皱纹也颇能配合。回到家里,他起心动念,存善去恶,关心公益,彬彬有礼,人生也是戏。替他设想,日子过得挺辛苦,也可能很有趣。杰克·帕兰斯退休以后还主持一个节目,中文译名《信不信由你》,搜集奇闻逸事,娱乐大众,这时候,他历尽风霜,脸上的皱纹变柔变淡,变得很驯服,完全"像"一个好人了!

职业造人、嗜好造人、环境造人。假如可能,一个人在选择职业、嗜好、环境的时候多用一点观察想象的功夫,探测这种职业、嗜好、环境将来会把我们变成什么"东西"。一般说来,现代人失去了古典的宁静含蓄之美,已是相当"丑陋"了,其他方面的美不能再任其流失。

莎翁剧中的朋友

友谊伤了根、折了干,包容体谅,
可以逢春再发。

一个奢侈好客的人,他有很多朋友,为了使朋友们快乐自己也快乐,他把所有的家财花光了。朋友因此冷淡他,背弃他,他成为没有朋友的人了。

他当然很受刺激。有一天他忽然发现了一堆金子,他又成了富翁,又有人愿意做他的朋友。可是这时他对人完全失望,他心目中已经没有人可以分享他的财富,他玩世不恭,他愤世嫉俗,他好像是疯了。

因贫穷而为朋友们所背弃,是一种悲哀,失去朋友之后忽然又发了一笔横财,也许是更大的悲哀。这是莎士比亚剧本里的故事,读了这个故事的人都会觉得那些"朋友"太不够朋友了。

倒也不能完全这样说。通常友谊像银行一样,只有存折上的数目大过支票上所写的数目,或借据上的数目低于抵押品的现值,它才对你有意义。一个挥霍败家的人,恐怕自己先已失掉了受朋友永远尊重的可能。你能用透支去考验银行吗?不能。那么,也不要用道义利害去考验朋友。

古老的中国发生过无数相似的故事。有一个人升官了,门外一直很热闹,后来失败了,家里突然很冷清。别人为他气愤不平,他这个人说话倒是声调平和,呼吸均匀。那年代有一种定期交易的市集,文言叫"墟",他拿"墟"说事儿,有生意可做的时候,大家都来了;没生意可做的时候,大家都散了,这个现象非常自然。咱们没办法,人家当然要走;咱们有办法,人家会再来。

所以,莎翁笔下的那个人物,在发了横财之后,仍然可以善待旧日的朋友,享受他们能够给他的快乐。

六

让金钱扮演正当的角色

卖牛奶的女孩没有错

下面这个故事流传广远,你只要看见开头几句,就知道结尾,但是我仍然得把它说完。

一个农家女孩,头上顶着一桶牛奶,前往集市。她一边走一边计算这桶牛奶可以卖多少钱,这些钱可以买多少鸡蛋,这些蛋可以孵出多少鸡,鸡又生蛋,蛋又生鸡,钱越赚越多,可以买羊,卖了羊可以买牛,她会变成一个有钱的人,可以穿什么样的衣服,戴什么样的首饰,可以参加舞会扬眉吐气。

想着想着得意忘形,没看见路旁有一块绊脚石,害她几乎跌倒,虽然没有跌倒,头上顶着的牛奶桶掉在地上,跌碎了!

这个故事的原典是《伊索寓言》,后来发展出不同的版本,有人说她的牛奶没等到养羊就洒在地上了,有人说她被树根绊倒,有人说她看见了树根,但是她躲过脚下的树没防备头上的树枝,一桶牛奶还是打翻了。

人的脖子那么细,那么软,里头包着咽喉和血管,很不适合承担压力,卖牛奶的女孩为什么把木桶顶在头上走路呢,各家版本都没有解说。原来大千世界,各地民情风俗不同,现代人从电视屏幕上看见了,在非洲,在中国台湾,都有人从小练成这门功夫。

以前,各家版本也都传达一个古老的信息,这女孩不守本分,痴心妄想,留下一个笑话。现代人的说法,年轻人应该及早培养理财的观念,理财的第一步,就是赚钱,然后是让每一分钱都能生钱。卖牛奶的女孩失败了,失败的意义是吸收经验,下次可以做得更好。

古代赚钱太困难,强调赚钱唯恐鼓励犯罪,所以先贤美化贫穷。现代人说,贫穷并不能产生那些美德，即使有美德，也不能持久。现代理财是金光大道，你可以正正当当地奋斗，这奋斗也是美德。

我们来为卖牛奶的女孩平反吧，惩罚贪心，要从少数民族、落后地方找典型，今天看来，有种族歧视的嫌疑。她并没有错，第一桶牛奶打翻了，还有第二桶，今天犯了错误，还有明天。甚至可以说，牛奶卖不掉，还有别的行业，她这一代不成功，还有下一代。无论如何，她不要像那个卖火柴的小女孩。

两个三角形

向高处立,向宽处行。

读周邦彦《一个人的经济学》,里面有一个故事,乍看跟《卖牛奶的女孩》面貌相似,读到底才发现精神不同。

它的大意是说,有一个富人想帮助一个穷汉,送给那穷汉一头牛,劝他去开垦无主的荒地。这个穷汉觉得种田辛苦,把牛卖掉,买羊,每一只羊可以生好几只小羊,赚钱比较容易。一头牛可以换好几只羊,既然有这么多羊,何不先杀一只解馋?杀了一只又杀第二只,羊渐渐减少,不能改善他的环境。就卖羊买鸡,一只羊可以换很多鸡,热闹。可是他又想吃鸡,既然有这么多鸡,先杀一只两只无妨……

这样下去，后果就可想而知了。

把卖牛奶的女孩换成卖牛的汉子，在写作技巧上称为"倒置法"，卖牛奶的女孩，她的想法是正三角形，这个卖牛的汉子，他的想法是倒三角形。"三角形"的观念从打字机上得来，倒三角形开头的部分很大，有一头牛，好比金字塔的底部，越往后发展越小，变羊变鸡。现代人理财的想法都是正三角形，诺贝尔奖得主经济学家罗默（Paul Romer）说，不要把人生走窄，中国先贤也说，向高处立，向宽处行。他们都是这个意思。

现代人理财，先想赚钱，再想花钱。不要光说你我没有钱，你我浪费多少钱，专家知道。据说一个普通家庭，每年要浪费一万八千美元，去买一些不必要的东西，还不包括抽烟喝酒打牌在内。一年一万八，由三十岁到六十岁退休，三十年，总共浪费了五十四万美元，这个数目不小。花钱大半出于一时冲动，逛百货公司，从货架上取下一件东西来，等一等，先放回去，下次再买，到了下次，你会发现你并不需要那件东西。你如果搬家，就会发现有多少东西当初不必买，现在要丢弃，或者送人。

省下钱来，接着是这一点钱如何变成更多的钱，香港人称之为"钱搵钱"。坦伯顿成长基金（Templeton Growth, Ltd）的创办人约翰·坦伯顿劝我们"别急着吃棉花糖""苹果树一旦长成，你有吃不完的苹果"。世新大学在一份调查报告里劝我们"必须特别会控制自己"。中国台湾有个人，由卖花生米起家，后来发展出各种名牌的花生米、花生糖、花生饼，他想吃花生米的时候只吃一颗，有人问他为什么不多吃，他说"再吃也还是这个滋味"，成为一时名言。

王正林和王权合译的《邻家的百万富翁》，原作者长期观察富人的生活，发现富人都很节俭。我也看见有钱的人开二手车，吃普通快餐，三年五年不换手机。他们住豪宅，一方面是投资，一方面也为了安全。他们把花钱的快乐，转变为存钱的快乐。存钱的快乐，转变为赚钱的快乐。赚钱的快乐，转变为捐钱的快乐。

对自己负责任

忠孝、仁爱、信义和平都是完成自我。

理财是对自己负责任,这句话是理财专家阙又上说的。我的理解是,中国有"光前裕后"的古训,年轻人不注重理财,希望在生活上依靠父母;西洋有"福利社会""万能政府"的学说传来,中年人不注意理财,希望年老以后在生活上依赖国家。所谓"对自己负责",就是立志脱离这两个依赖。

理财,用大白话来说,你可以在应该用钱的时候,从自己的口袋里掏钱出来。用大俗话来说,爹有,娘有,兄有,弟有(还可以加上国库里有),不如自己"有"。

还有几句话,听来残忍,我下了狠心不瞒你。

亲情止于久病，手足之情止于分产，友情止于借钱，君臣止于欠薪，五伦大都以经济关系为纽带，只有夫妻止于外遇，而离婚时最费唇舌的是赡养费。理财可以巩固人际关系，人际关系是生存空间，在生理上好比一个人的肺。

泰国传来的消息，有这么一个人，用退休金买了一块地，种水果树，卖水果，赚了钱，再买一块地……结果变成大富翁。英国传来的消息，有那么一个人，他每逢星期天就到垃圾场去捡人家丢弃的冰箱，修理了，再卖出去。有钱赚，就有人合伙，可以开公司……

平时，你对这一类报道可曾仔细看过？有没有兴趣，如果身旁有个这样的人，可曾想接近他们，看看他们的生活？你看，会计总是比秘书有钱，工商记者总是比文教记者有钱，广告部的主管总是比图书馆的主任有钱，可曾想过，为什么？中国人常说"人有三门富亲戚，不算穷"，有人解释，这是说你可以向富亲戚借钱。错了，又想要别人负责了。有三门富亲戚你可以近朱者赤,有理财的观念,有一天脱离贫穷。

"对自己负责"并不等于自私,你我的责任并非仅仅照顾自己,忠孝、仁爱、信义和平都是完成自我。那个"每逢星期天就到垃圾场去捡旧冰箱"的人,他死后捐给医院三百万英镑,他这个"自己"就有那么大,当然,有人比他更大。

咱们中国社会"度尽劫波"之后,有人喊出"向前看",后来工商业发达,有人喊出"向钱看"。我认为这是三个阶段,一、向前看,二、向钱看,三、再向前看,这时候有余裕看得大,看得远。

当年孔夫子到了卫国,看见人烟稠密,夸奖了一句"庶矣哉"!(卫国的经济生产能养活这么多人口,在当时算是一项政绩。)弟子问,如果提高要求,还要怎么做?孔子说,"富之"。弟子又问:如果再提高一步呢?孔子说,"教之"。我想,"富之"是向钱看,"教之"是再向前看。

从赚钱到捐钱

一切美德的基础在能"施",
"施"的前提是能"有"。

有人这样描述现代资本家:拼命赚钱,拼命省钱,拼命捐钱。西方东方,多少家财不止万贯的人,现在把一部分家产捐出来,将来把全部的家产捐出来。

有人说,富人捐钱是为了省税,这话也不精确,咱们唐宋元明清都有大慈善家,税法对捐钱的人并没有优待,后来政府为了奖励捐款,这才订出办法,如果你捐一万元,年终报税的时候可以从收入中扣除一万元,你可以少交一点税。来龙去脉,并不是捐款为了省税,而是省税为了奖励捐款。

再说一句,无论税有多重,也不会把他家产都"没收"了,拼命捐钱的人并不是为了省税。

这些人为什么要捐钱呢？一位富豪说，他捐钱，为了给他的子女一个更好的社会。这话可能需要解释一下：捐钱给教育，学校可以办得更好，家境贫困的青年也可以受到完整的教育；捐款给慈善机构，救助陷入急难的人，减少人间悲剧；捐款给艺术团体，提高大众的品位，变化气质；捐款给医学研究，可以减少疾病，提升全民的体能。这些行为增加社会的"正能量"，更适合下一代的生存发展。所以，另一位富豪才说，在巨大的财富中死去是一种耻辱，因为他没有参与上面所说的这项工程。

正因为捐钱可以省税，所以有办法可以从税捐数据中统计出数字来。现在中国每年也有慈善捐款的百人榜，可以列为国家的祥瑞。一切美德的基础在能"施"，"施"的前提是能"有"，经过拼命赚钱、拼命省钱，终于拼命捐钱，从无到有，从有到施，可以称为现代完人。只要承认这个价值标准，中产阶级，小康之家，一般受薪人士，勿以善小而不为，都可以戴上这顶冠冕。

你有厨房吗?

只烧咖啡、煮鸡蛋的地方不能算厨房。为什么有此一说?只因为现在有很多人不在家里做饭了,他们从外面买现成的食物吃,这叫"外食",于是有一个名称叫"外食族",自己在家中做饭叫"自炊"。这里想说的是,自炊叫人比较放心。

咱家洗碗槽上有个自来水龙头,热水冷水都从这个龙头里流出来,冷水可以饮用,热水不能饮用,对吧?做饭的人刚刚用过热水洗锅,接着要用冷水烧茶,接近龙头的那一段水管里流出来的还是热水,对吧?只有自炊的时候,才记得给龙头三秒钟时间把热水放掉,再把冷水接进壶中。

再说洗菜。一般情形,餐馆里不洗青菜,因为他们没有时间处理菜叶上的水，水跟菜锅里面的热油不能相容。只有自炊的时候，你才会慢慢洗菜，用不同的方法洗不同的菜，把残留的农药洗掉。只有自炊，你才有时间慢慢洗你的鱼，把鳃鱼腹中的江水、海水冲洗干净，其中有鱼类残留的大便。只有自炊，才可以考虑哪一种油对你的血管比较好。在你的料理台上，当然不会有地沟油或者反式脂肪。自炊时，你也不把上星期炸排骨一锅油留到今天再炸鸡腿。在你的菜锅里也没有欺骗味蕾伤害胃肠的化学添加物。

还得说，自炊比外食节省。自己去比较一下吧，同样一盘菜，自炊只要花三分之一的钱。积少成多，财务上的大漏洞，"外食族"大半是"月光族"。有人为了节省，到投币式的贩卖机里买三明治，吃那里的食物要冒更大的风险，既然如此，何不自带饭盒？

所以我要问，你有厨房吗？如果有，别只是烧咖啡、煮鸡蛋，用它培养自炊的能力，同时在厨房里放一个扑满，把每餐节省下来的钱放进去。尤其是那小妹们，懂烹调，社交和择偶都增加优势。

一亿美元是多少钱?

慢慢赚钱,慢慢学习如何管理财产。
享用金钱,导引欲望。

可以希望发财,别梦想暴富,突然有很大很大一笔钱,恐怕是一场灾难。

现在许多国家都有公司发行奖券,每星期一次或两次开奖,奉送一个发财大梦。倘若这一次没人中奖,就把这一次的奖金和下一次的奖金合并,常常创下三亿五亿甚至十五亿元的纪录。

所得税很重,十五亿奖金扣税以后,还可以实得九亿。九亿美元是多少钱?在纽约,买一栋普通住宅大约要一百万元,九亿美元可以买九百栋房子。

要那么多房子干什么?中奖暴富的人就去买豪宅、名车、私人飞机,他坐飞机的机会比坐汽车多,有一天飞机失事,摔死了!

美食又能花多少钱?也不够刺激,于是喝酒,由喝酒到酗酒,由酗酒到吸毒。不死,最后也是宣告破产,露宿街头,领救济金勉强生活。

在这期间,一定有亲友来借钱,你拒绝他就绝交;可能有强盗来绑票,你拒绝他就撕票。多半有骗子来骗钱,平添许多骚扰。他并不是奋斗三十年四十年成为巨富,惹人嫉妒,多少人对他这一步鸿运看不惯,想破坏。他没有一路上学习如何管理财产,如何享用金钱,如何导引欲望,不知如何生活。

中大奖发大财的人难道没有一个人是大仁大智吗?好,我们来想象,这个人对他的子女说,我只能给你们每人两百万元,你们可以免除金钱的压力,但是不能改变生活方式。他对妻子说,我给你开一个专用的账户,存进去一百万元,由你维持家用,不要提高生活的水平。然后他拟了一个清单,要在半年之内把奖金完全捐出去。

那会怎样?他的子女立刻联合起来要求分产,

他的太太立刻提出离婚,离婚可能分到一半财产。他将陷入一连串诉讼,不能自由处分存款。

胖哥不要生气

改变体型,也就改变了社会成见。

真感谢,总有人能用简单生动的语言,把复杂重要的事情告诉我们。

例如说,体重每增加一公斤,微血管要延长两公里,心脏要用更大的力气输送血液,时间久了,心脏就会变厚变大,叫作心脏肥大症,心脏肥大会引起心脏血管的各种并发症。

美海军朱姆沃特号(Zumwalt)导弹驱逐舰在加拿大的港口停靠,舰上站岗的卫兵臃肿肥胖,遭人讥笑,中文媒体把军舰的名称译为"猪母沃特"号。有人质疑,这样的海军能有多大战斗力?

是啊,现代人胖子多,现代人对胖子也有成见。

警察太胖,能追赶盗贼吗?学生太胖,能做完作业吗?职员太胖,能承受工作压力吗?小孩子太胖,想必是喜欢吃糖,糖不费咀嚼,顺利滑进食道。他长大了能拾级而登、逆风奔跑吗?成人太胖,动作慢半拍,好像有些笨,有些懒?

现代人要避免过胖,已经胖了要考虑减肥。过胖的害处千言万语,有人长话短说,"增加医疗支出,减少经济生产力"。怎样减肥千言万语,有人长话短说,"多运动,改变饮食习惯"。山东媒体选出来的中国第一胖,减肥成功的王浩楠,他的语言响脆:"管住嘴,迈开腿。"

减肥易知难行,难行并非恒等于不可能。翻开报纸看看吧,广西一位韦女士变胖了,变丑了,男朋友不要她了,她发愤减肥,后来得了健美冠军。美国的一个家庭,全家四口都胖,连七岁和九岁的孩子都胖,全家集体参加减肥计划,一共甩掉450磅赘肉,皆大欢喜。美国、中国,都有过减肥竞赛,几千人报名参加,两个月后结账,你那一边总共减少了八万公斤,我这边一共减少了八万零五公斤,列入本市本年度的十大新闻。

最后强调一句,过胖破坏你的理财计划,妨碍你成为现代完人。

酒后不宜

要想酒后不犯错,最好从来不喝酒。

酒后可以做许多事,例如写诗或小睡。但是酒后绝不可以做某些事,如签合同,与人争吵,驾驶汽车。

现代都市都严厉取缔酒后驾车,多少重大车祸由驾驶人饮了酒再上路造成。酒精作祟,判断力、控制力出了问题,眼睁睁看见路旁有两个警察,奈何不能刹车,也就只好撞死一个再撞伤一个,他自己也撞进监狱。

饮酒的人也知道酒后诸多不宜,可是嗜酒善饮的人,到了应该多喝几杯的时候,如牡丹初开,快雪乍晴,良朋将别,新愁不散,怎能把持?所以要想酒后不犯错，最好从来不喝酒。

台湾渔船金庆十二号在海上航行，船长喝了太多的酒，与船员爆发宿怨，居然开枪打死了十一个船员。台北的司法调查员某某，参加春节记者联欢会，喝酒过量，送同席的女记者去厕所，竟跟着走进厕内，"碰触了她的身体"。

这两位瘾君子即使没在酒后做这样那样的事，即使一帆风顺喝下去，一路上也会有高血压、肝硬化、口腔癌、心脏扩大、脑细胞萎缩，排着队伺机拜访。

现代人面对这样的问题，一定还有财务上的考虑。有人替你计算，如果每天喝一大杯红酒，由二十岁喝到七十岁，大概要花费人民币七十二万八千元，或新台币三百一十二万元。不止如此，你喝酒的时候需要多吃菜。这只是在家中小饮，如开怀畅饮，当然数目更大。还有，如果进馆子，那里的酒比较贵。

还有呢，喝酒会上瘾。起初，一天喝一杯。后来，多半增加为两杯。然后，增加到三杯四杯。然后，就多半改成喝烈酒了！随即最不幸的人，就要酗酒了!算算看,那要花多少钱!这么大一笔钱花得冤枉,随时可能出事有牢狱之灾,即使平安无事终于有不治之症。平时,多少不该省的钱都省了,这笔该省的钱为什么不省?

消费哲学

不要把自己的一生抵押给社会。

跟农业社会的人相比,现代人真喜欢花钱,花钱的本身就是乐趣,买回来的东西是什么反而属于次要。这些人撒出去大把的钞票,并非因为有太多的钱溢出荷包,而是因为他们有花钱的"哲学"。从前的人常说,"钱不会咬你的手",意思是把钱放在"手上"没有坏处。可是到了现代,钱虽然不咬人的手,却像虫子一样咬人的心,要把钱花掉才心安理得。

受消费哲学支配的人买东西未必由于"需要"。举例来说,我们的原子笔很少是因为用坏了才丢弃的,旧笔仍然堪用,可是我们想换新的。等到手机问世,这玩意儿不便宜,公司每隔一两年推出新产品更换新款式，多少用户跟着换新手机。推而广之，扩而充之，有钱的人换车子或多置别墅，大致出于相似的动机。多数人的收入还没有到手，早已安排了用途，那就是有名的分期付款。照从前的看法，分期付款就是寅吃卯粮，应该极力避免，现在却定为消费法则，人人遵守。

说起来，我实在不知道该用什么样的形容词才好，现代有许多人一生做分期付款制度的奴隶，就像浮士德签约把灵魂卖给魔鬼。二十世纪六十年代，青年人梦想"三C"，即房子、车子、彩色电视机。他离开学校，进入社会，立刻把这三者买齐了。他怎么办得到？因为他可以长年分期付款。到了现在，彩色电视机已经不在话下，让位给家用电脑、高级音响。消费的程度升高，还要继续升高。也要继续增加贷款，消费者把自己的一生抵押给社会。他一小片、一小片零碎分割自己的灵魂。

年轻人进入社会以后，先要学会负债，负债才有信用，信用是为了负更多的债。为了负债方便，有一个玩意儿叫信用卡,接着产生了一个身份,叫作卡奴。过度消费的哲学给每个人带来危机,使他一生做物欲的奴隶。扩而充之,这种哲学给世界带来危机,人和社会也因此脆弱异常,一个老鼠钻进了发电机,足以使一个大都市如同面临世界末日。这确乎不是一个理想的状况,近代科技于贫困落后中拯救人类时,并未曾准备接受这样的后果。

说着说着,资源耗竭和环境污染的问题来了,地球渐渐不适合人类居住,将来人类不能居住,有人用一句话形容情势:"人类一面辛苦求生,一面麻木求死。"我这一生,教科书和媒体不断颁发格言,他们先后给我三种说法,节俭是兴家之本,节俭是落后地区的道德,节俭可以救世界。回头是岸?一种现代化的勤俭哲学,一种反对过度消费的主张,正在由世界各地发出来,你听得见那呼声吗?

起于私欲,归于公益

"起支配作用的私欲,常常被误解为一个人投身人类事业的神圣热忱。"这句话很出名,到处有人引用。类似的见解别人也有,例如"发公论者往往挟私心",政客依自身的利益制定政策政纲。也不知道那些话是谁说的,现在说这一句的,有名有姓,埃·哈伯特(Elbert Hubbard),是一位美国作家。

埃·哈伯特说得好,也许有人可以说得比他更好。制造汽车的资本家要卖车,催促政府多修公路,他说发展交通,促进经济繁荣,他不说卖车。他鼓励大家买车,他说现代人对速度要有观念,节省时间,征服空间,事业容易成功,他不说买车。家长送女儿读女子学校，发现宿舍围墙后面的路灯昏暗，宿舍的窗帘也半透明，他联络一些家长对学校施压力，换窗帘；对市政府施压力，装路灯，他说防范歹徒犯罪，增加市民安全，不提他的女儿。这叫作"把主观的利益客观化"，把个人的愿望放在大众的愿望之中求实现。这种做法很好，不妨鼓掌。

古人说："一人之心，千万人之心也。"当年孟夫子劝一个国王行仁政，做圣贤，国王说我做不到，我喜欢钱财。孟子说没关系，每个老百姓都喜欢钱财，国王可以鼓励生产，让家家脱贫致富。国王又说我有缺点，我好色，孟子说没关系，每个老百姓都需要结婚，老百姓有了家产，可以该娶的娶，该嫁的嫁。他老人家早就懂得主观的利益和客观的利益要结合。

"把主观的利益客观化"，也就是做到"一人之利害，千万人之利害也"，拿千万人做题目，文章就好做了。

蘸水的故事

听说过"蘸水训子"的故事吗？一个父亲要他的儿子捧着半碟清水站在十字街头，让每一个行人蘸湿指头。不久，碟子里面的水干了，于是父亲叮嘱："记住，抓紧你的利益，切勿让别人沾染。"

在工业社会中，一个人的能力有限，而人际关系复杂多变，"利他"心余力绌，只好"自求多福"。从前左伯桃在冰天雪地中脱下衣服来加在羊角哀身上，那是因为羊角哀是他唯一的好朋友。如果他有两百个朋友，每个朋友的交情都差不多，左伯桃的一件皮袍脱下来给谁穿呢？想来想去，还是自己保暖算了！

另一个可能是左伯桃有两百零一件皮袍，自己身上的一件无须脱下来，两百个快要冻死的人也每人有一件可穿。这样的左伯桃必定是一位富豪。

时间似金钱

想起成语"聚沙成塔"。
想起沙从指缝间溜走的感觉。

秀才不出门,能知山东事,因为有《世界日报》。山东济南,有人买房子,他开着小货车,载着三个大水桶、十七个小水桶,里面全是硬币,来付头款。此人是一家杂货店的老板,买卖交易常有零头,他收钱的时候,拿起零钱往水桶里一丢,丢满了一桶又一桶。就这样,存了十五万元。

秀才不出门,能知广州事,因为有《南方都市报》。那里有个小男孩,喜欢一个小女孩,对她说,我长大了娶你。然后他就存钱。推想他的收入不宽裕,小时候存零钱,长大了还是存零钱,前后二十年,存到能够买一只钻戒,他把这一百五十公斤重的硬币运进首饰店。

秀才不出门，能知江苏事，因为有网络。这回是存钱买车，他存的也是硬币零钱，装满了八十一个麻袋，总重量三吨。三吨是个什么样的概念呢，大约相当于普通农家养的五只公牛。一般商家不收这么多零钱，他要你把零钱送到银行里去换大钞，这家卖车的公司不错，没有拒绝，他们也没有专用的那种机器，全体员工欢欢喜喜都来数钱，场面十分有趣。

这么长的时间，这么多的小零碎，变成一个大物件，想起成语"聚沙成塔"。想起沙从指缝间溜走的感觉，钱会溜走，时间也会。时间即金钱？我只看见人在时间中聚集金钱或丧失金钱，不能储蓄的人只有时间，哪有金钱？时间无形，只能从有形之物发现时间的痕迹，三吨硬币，如是如是。

想起从前旧式的挂钟，昼夜"嘀嗒嘀嗒"响，忠于职守，提醒时间在流失。你心情紧张时，它的声音激昂；你心情郁闷时，它的声音沉重，你若心情平和，它也如春水微皱。现在的电子钟静如满盘死棋，那声音成了我们失去的美好事物之一。

也许某些研究机构代替了它。现在什么事都有专家做成数字，这里说，我们每年浪费两千个小时；有人说，我们这一生用在电视转台的时候浪费了十五个月；有人说，我们在接电话的时候，对方说，请稍候，浪费了我们四十三天。还有呢，我们等车，等飞机，等客人到齐，等电影院入场，他们也不厌其烦，一一做成账单寄来，你看着办吧。

穷 养

富人的孩子要穷养,穷人的孩子要富养。

企业家王永庆先生说过,养鹅的人先让鹅常常挨饿,后来一只鹅能长到九斤多。如果按时喂饱,从不缺食,这只鹅只能长到七斤多。

由鹅联想到小麦,在中国大部分地区,小麦是早冬播种,初夏收割,中间要经过几场大雪。如果遇上冬暖,麦苗欣欣向荣,这年麦穗就很小,收成不好。

因此,在富人中间产生一个新词:"穷养",富家的孩子要当穷人家的孩子来教养,要他从小有勤劳的习惯,用功读书,然后自己打工赚钱,越过富家子弟围成的小圈子,擅长与人沟通,然后就是自己能承受压力,接受挑战。最后是子弟有自己的成就,父母没有留给他多少遗产。

"穷养"就是要孩子做小时候吃不饱的鹅,冬天从雪底下冒出来的麦苗。他们的名言是:"衔着银汤匙出生的人,这把银汤匙最后可能变成插在背上的'银匕首',使孩子深受其害。"他的意思是防止后代退化堕落。

现下"炫富"已非新词,满街撒钞票,养金钱豹当宠物,汤锅镶钻加上黄金把手,也不算新闻。干这些事儿的人大都是富二代,各种研究报告指出,人的收入提高,健康和品格降低,等因奉此也司空见惯,可是他们第一代痛心了。

有人问,不是说"再穷也不能穷孩子吗"!没错,这话是对穷家而发。多少人家认为自家没有钱,孩子就不必升读大学了,好歹找个工作贴补家用吧,这是下策。台北有一位王建煊先生,他创设的教育基金会有个专门的项目,帮助穷孩子升大学。富人的孩子要穷养,穷人的孩子要富养,彼此并不冲突,两条线有个黄金交叉点,结出好果子来。

七

给精神一个适当的地位

人生，为什么？

不要希望真理站在你的一边，
你要站在真理的一边。

现代人缺少一套能够解释现代人生的东西，可以从下面两个例子看出来。

"贫"和"富"是任何社会都有的现象。古人解释此一现象说过两句话："穷靠富、富靠天。"在我祖父的一辈，大家都接受这两句话，奉为格言。但是到今天，一般人总觉得这句格言的说服力已没有从前那样强，对贫富现象的解释有欠圆满……更进一步的解释又是什么呢？

"好人"和"坏人"是任何种族都有的品类，好人往往吃亏，坏人往往占便宜，也是任何社会都有的现象，"君子可欺以其方"。如果好人的钱被坏人骗走了，无法追还，那好人会说："我上一辈子欠了他的钱，这一辈子他来讨债。"他从果报之说得到解释。到了今天，一般人，尤其是青年人，谁还能接受这种解释？……更进一步的解释是什么？

"没有？"怎可没有！没有"哲学"和没有面包同样令人难以生活。现代建设太重视物质了，现代人太重视面包了，把许多人的心灵弄得很空洞！有部美国电影以冤狱为题材，面容严肃的律师说："政府这一部机器，难免隔一段时间要出一点儿小毛病。"你看，这就是人家在为"解释人生"而努力，随缘解释，零星解释，总可发生一点疏导的作用。

我们的哲学家、教育家、文学家应该同心合力做好"解释现代人生"的工作，用"解释"现代人生来"建设"现代人生。没有正确的和建设性的解释，歪曲的、破坏性的解释可能乘隙而入。心灵也会"饥不择食"！

心有笑意，脸有笑容

会笑的脸和会跳的心脏一样重要。

一个在加油站工作的职员，每天闷闷不乐，表情紧张，前来加油的人看了他的脸色也都严肃起来。那种干燥的气氛，好像随时会使汽油着火。

这天是星期一，加油的车辆特别多，有一个常来加油的司机一面等候，一面跟身旁的人谈天。他说了一个笑话，引得听众开口大笑，连那个愁眉苦脸的职员也笑了。于是这个说笑话的司机趁机对那个职员说："能经常笑一笑，对人对己都有益处。如果整天拉长了脸，自己很辛苦，别人看了也痛苦，回到家里，弄得全家人都生活在痛苦之中，何苦来？"

这位司机的话很有道理。做人时常保持笑容，或者在心里保持笑意，使脸部肌肉甚至全身的肌肉放松，可以减少工作的疲劳，更可以避免人与人之间不必要的冲突。笑意来自我们对人对事的"喜感"，而喜感又出于我们对人生和社会的善意。古人说"和气致祥，乖气致戾"，也就是这个意思。

英国人以富有幽默感见称于世，能使火爆的场面在笑中化解。伦敦公园有疯汉演说，声言要烧掉白金汉宫，绞死大臣，听众围堵，交通阻滞。警察过来说："诸位！赞成烧掉白金汉宫的站到这边来，赞成绞死大臣的站到那边去，留出中间的路来让行人通过！"全场大笑，人群霎时烟消云散。

人为什么会笑？依喜剧理论，"笑"是由于情绪突然放松，突然放松又由于事情突然变小。在安徒生童话里面，皇帝自称穿了一身新衣，场面紧张，天真的孩子指出皇帝赤身露体，产生了突然变小的效果，像戳破了气球一样。你可以用这个理论分析每一个笑话，然后再用这种心态去拨开生活中的阴霾。

心物之间

物质可以变精神,精神不能变物质?

从前的君子们重精神、轻物质,现代人则追求物质享受,忽视精神生活,大家都这么说。

仔细观察一下,现代的"君子"们仍然把"精神"看得很重,但是他们相信物质可以变成精神(精神不能变物质?)。内心的宁静十分重要,得到宁静的方法之一是银行里有相当数量的存款,卧室外有相当大的庭园。恋爱是一种精神生活,讲究气氛,晚上如果请女朋友吃一客上等牛排,"气氛"比吃一客快餐更要"罗曼蒂克"一些。

现代人抛弃了"精神"吗?也许他们只是"发现"了物质而有偏执。

有一位企业家表情严肃，工作紧张。朋友劝他把人际关系弄得软化一点，例如经常称赞别人。他说："我没有时间称赞别人。"

他的朋友徐徐地说："成功的人物，往往只喜欢听人家的称赞。"企业家斩钉截铁地说："我也没有时间听别人称赞。"

身为工业齿轮的人难免像机械一样缺乏潇洒。他每星期六都听歌剧，每星期天都上教堂，使人觉得那也不过是齿轮在转动。按照日程表赴约的人不会"乘兴而来，兴尽而返"，闹钟连接定时开关的人不会"不知东方之既白"。

某君子做了"工业齿轮"之后，每年绝对忘不了女朋友的生日，他祝贺的方式则是寄一张支票，只有支票，连"生日快乐"都不写，他认为支票当然能使人快乐，无须废话。可是，女朋友要听见"废话"才快乐，支票倒是可有可无。结果，他在寄出第X张支票时遭到退回拒收，那位小姐听了另一个男人的"废话"，变成别人的未婚妻。

物质生活与精神生活本可相得益彰，但若陷入物质的迷津，就可能找不到精神了。

只有信，没有迷信

迷信：古代生活的真理；现代生活的小趣味。

豪华的喷气客机在机场降落，机场的消防车立刻迎上去，为的是飞机着陆后可能起火。

大楼在建造之前，就先做各种最坏的设想：电梯是有的，但是电梯发生了故障怎么办？消防设备是有的，但是万一大火燃烧起来大家怎样逃生呢？还有，如果发生了地震……

婴儿出生以后，医院替他准备一张表格，注明什么时候要注射卡介苗来预防肺病，什么时候要注射沙克疫苗来预防小儿麻痹症，一共有九种疫苗要注射。小学入学的时候，学校要查验这张表格。

等他长大了，会有人劝他保火险，因为房子可能被烧毁；劝他保盗险，因为家中可能被抢；劝他保汽车险，因为可能出车祸。最后劝他保寿险，因为他必然有一天死亡。

在百年前的农业社会，这些都是不可想象的事情。农业社会的忌讳多，这个也不许说，那个也不许想，你想起来说出来也无能为力，徒乱人意。从前的农历新年表面上很热闹，其实大家心里并不快乐，因为人人唯恐触犯忌讳而精神紧张。社会向前一步，忌讳就减少许多，尽管说，都有办法事先预防或事后补救,忌讳的"死亡率"就是开放的进度表。

有一次参观海军基地，登上一条军舰，在舰长室里看见一幅青面獠牙的原始面具挂在墙上做壁饰，立刻感受到古今的差距，觉得做一个现代人很幸运，也很有自信，这个感觉很好。

初民献祭，原是相信神灵来格来享，科学家说是迷信，怎么现在还要"三牲"祭孔？怎么还要清明上坟？不管你我多么现代，总觉得春天到了不能不出去走走；既然到了郊外，不能不到父母的坟前看看；既然到了坟前，不能两手空空，总得摆上一束鲜花，这样我们才觉得生活丰富，心中满足，料想这个规矩再过千年也不会完全废除。

现代人庆生，照例有一个大蛋糕，由寿星先许一个愿，再吹灭插在蛋糕上的蜡烛。许愿是残余的迷信，它是没有害处的迷信，大家合唱的那支歌只是一个仪式，甚至可以说只是游戏。请您设想，如果取消了这些项目，你的生日就贫血了，你想弄点什么来代替，就费劲了。

话题再延伸一下，依照旧日思维，吹灭蜡烛不吉利，尤其是在过生日的时候。但是，不把蜡烛吹灭，大家怎么有蛋糕吃？这里面隐隐有一条规则，迷信，如果妨碍现代生活，就要挪开；如果能点缀现代生活，可以留着。左看右看，政治家对宗教的态度好像就是如此。

由蒲公英说起

种瓜得瓜子,瓜子是未来更多的瓜。

教师在课堂上对着一群孩子说:"蒲公英的种子附有一具天然的降落伞。大风把它们吹得很高,吹到很远的地方,它们落下来,长成另一棵蒲公英。这些种子在成熟的那天就准备远走高飞,准备使蒲公英分布繁衍,使蒲公英的名字更普遍、更响亮。"

松子又何尝不是如此呢?每一颗松子都像一具风筝,它们借着风力由这一座山飞到另一座山,即使落在悬崖上、山谷里,也能扎下根去,伸出头来,让百禽群兽记得这儿有一棵松树。

蒲公英永远是蒲公英,松树永远是松树,不论离它的母体有多远,不论它寄身的土壤换了什么颜色。分散是一种必要,是保存和开展的另一种方式。它们不会是"无根的一代",它们有根,它们是带着根走的,根就在它们的生命里。

有时候,就算是江南的橘子到了淮北变成了枳子吧,枳子的生命里仍有橘的本性,经过"接枝"还是可以结出橘子来。

天下所有的中国人都是同根的果实。大时代把我们分送到天涯海角,是要这世界上的人有更多机会看见中国人的光辉。

沉思时间

沉思，我们心灵的最后一片净土。

现代人几乎已经没有时间沉思，究竟还有多少人愿意沉思也大成问题。

古代一位文豪说他自己沉思的时间是"三上"：马上、厕上、枕上。现代人把马上（车上）的时间交给了棒球转播，把厕上的时间交给了武侠连载。晚饭后轮到电视连续剧控制他们的心灵，他们连郊游的时候也带着烤肉炊具，到海滩去也带着橄榄球。

好动的现代人，感官暴露在各种刺激下的现代人，栖栖遑遑追逐现实利益的现代人，已经养成了一种习惯，即使有五分钟的闲工夫，也急忙设法填满，即使游山玩水，也不肯"行到水穷处，坐看云起时"。

如果有人在山旁水涯，像山水画中的人物那样出神，旁人恐怕都不懂他在做什么，说不定警察要来"保护"他回家。事实上真的发生过这种误会。

现代人唯一的沉思时间，恐怕是晚间上床以后，入梦以前，"辗转反侧"的那二十分钟。这时候，人愿意想一点什么，肯探一探某些深处。这时候，人恢复了满足这种基本需要的能力。一个人在这短短的十几二十分钟里面想些什么，关系他未来一生的穷通成败。这是他塑造命运的时间，这是他形成气质的时间，这是他选择品级的时间。这一段时间对每一个人都非常重要，这段时间是属于我们心灵的最后一片净土，不可任其荒芜，也不宜盲目栽种。

我们枕畔该有某种东西来引诱我们沉思。假如可能，它进一步陪伴我们沉思，使我们容易得到有益的结论，适合我们自己的心态与现实环境的结论。然后，我们像饮完一杯温暖的流汁，安然入眠。我们需要一种"媒体"输送足以引起上述作用的"信息"。它大概是一本书，事到今日，只有"书"这种工具还在鼓励人们多多思想。

并不是任何一本书都适合进入睡前的"沉思时间"。太厚的书令人手腕酸痛。字体太小太密的书令人眼花。资料宏富的长篇大论或逻辑谨严体系井然之作不是使睡眠来得太早,就是使睡眠来得太迟。浓得化不开难以吸收,过分稀释又空泛无取。这些书尽管很好,临枕却未必合适。临枕阅读的书最好没有上述的"缺点",而另有一些优点:文笔平易诚恳;字体大小和行间疏密适度;有思想性而又擅长使用暗示的手法;深入现实而又不失空灵,不说教而能唤起积极的回响;篇幅以短篇为主,使读者无论用一分钟、五分钟或二十分钟的时间阅读,都能有圆满自足的感觉。

宗教如何?是的,宗教引人玄想,帮助深度思考,但"信教"是接受"罐头"教义,停止自己思想。

农业社会士大夫想得太多,做得太少;到了现代,一般人又做得太多(机械式地重复着同样的工作),想得太少。现代人太注意他们肉身的体操,忘了心灵的体操。这样是有害的,比缺少运动或营养不良的害处更大。

宝剑是怎样铸成的

干将莫邪最后的选择,从一方面看来是毁灭,从另一方面看来却是新生,甚至是永生。

传说春秋时,铸剑专家干将和他的太太莫邪,奉吴王阖闾之命铸造宝剑。两人在熊熊的锅炉旁忍受高温,昼夜努力,始终无法成功。干将对太太说:"从前我的老师说过,在这种情形下,铸剑的人如果入炉自焚,就能铸出稀世的名剑。"莫邪听了,立刻窜进炉门,投身烈焰之中,转眼化为青烟。不久,一对最完美的宝剑果然出现了。双剑的名字,就用了铸剑人的名字。

多少人嘲笑这样的传说,理由是不科学。其实这个故事能感动后人,流传后世,正因为科学也有边际,也有范围,科学之外也还有些东西。那些东西,古人无法用科学来证明，就用艺术的方式来表明。

普通的工匠造普通的刀剑，也就是说，普通的人做普通的事，是"为我"，必不肯投入洪炉、牺牲一切。但是非凡的大匠、铸稀世名剑，也就是英雄豪杰仁人志士创不朽之伟业是"忘我"，他的工作已超出个人的意义，无法用个人的利害来衡量，也必把自己整个投进去，"粉身碎骨都不问"。人是脆弱的动物，常被这样巨大的责任压碎，但是，人在肉身之外另有精神世界，因之，干将莫邪的最后选择，从一方面看来是毁灭，从另一方面看来却是新生，甚至是永生。

说到这里，你我立刻想起来，多少科学家正是这样的人物，一生献身研究和实验，几乎到了发狂的程度。有一本书叫《疯狂科学家》(李焰明、汪安琪译)，里面有很多前例，他们是一个又一个干将和莫邪。

国人一向好用成语，干将莫邪的故事这样动人，含义这样深远，却未能从中产生一句普遍流行、妇孺能解的成语来代表上述的精义。可惜！

惊弓之鸟

及时留心如何养心,也留心如何养生。

两个武士比赛射箭,其中一人,举手扬弓,射下一只飞鸟,参观的人鼓掌叫好。另一武士说:"这算什么?我能不用箭就把飞鸟射下来。"

群众用怀疑的眼光看他,他用明亮的眼睛看天上的飞鸟,选好对象,拉弓就射。弓上并没有箭,弓弦震动的响声未了,天上的飞鸟就受了重伤掉下来,倒在众人的脚边,不断地发抖。

这是怎么回事儿?且听那位武士的解释。他说:"这只飞鸟曾经被人射过一箭,带伤逃脱,现在它肉体的创伤虽然平复,心理上的恐惧却天天加重,随时做着死亡的噩梦。射这种鸟不必用箭,弓弦的响声就足够伤害它。"

看,心理如何影响生理,病态的恐惧如何摧毁人生的理想,破坏正常的生活。当年希特勒的纳粹党做过一项实验(也只有他们能做出这样的实验),把两个该死的人(他们认为该死)绑在两根木柱上,先把其中一人A的手腕静脉割断,让血液滴在一个铜盆里,让另外一人B当场听见滴血的声响,并亲眼看见对方失血而死。紧接着把B的眼睛蒙上,用冰块在B的手腕上划一下,用一桶清水往铜盆里滴,也发出滴血那样的声响……然后,B就断气了。

平时多注意吧,不但看生理如何影响心理,也看心理如何影响生理。不必等到老年,及时留心如何养心,也留心如何养生。千言万语,此外不能细说。

我们住在物质建构的环境里,公寓大楼像个鸟笼,里面多少用羽毛包裹着的受伤的心灵。心理不健康的人终日扰攘不宁,对于他,维他命会变成毒药,音乐变成咒诅,锻炼变成摧残,风雨带来毁灭。只有心理健全的人,摧残正是锻炼,风雨帮助成长。

创造回忆

创造没有污点的回忆

老天爷高高在上,俯视下界,但见人群忙忙碌碌,熙熙攘攘。他问:"这些人在干什么?"左右回答:"他们在寻找一种叫作回忆的东西。"

过了一些时候,人群变得稀少而静止,这些人或坐或卧,白发苍苍,寂然无声,老天爷问这是怎么了?左右说:"他们已经找到了回忆。"

人生就是制造回忆:回忆自己,回忆他人,并进入他人的回忆。读时人的回忆录,可以发现他生命中有些事情只字未提,这表示那些事不堪回忆。他的朋友、他的老师也写了回忆录,其中没有提到他的名字,这表示他这个人不值得回忆。有人做过一番事业，回忆录成套，打开看，都是政府档案里的文件，来往函电、调查报告、报纸社论，他写的是别人的记录，不是自己的回忆。

人储存回忆，一如驼峰储水、松鼠藏栗、植物埋下宿根。回忆是心灵方面的储存，评量其人一生是否充实，可以根据他是否愿意回忆，是否有许多事值得回忆。有些人，他平生有许多事情不忍或不敢回忆，那些事情一定是他一生中的大事。一个人，如果必须把生平大事从记忆中抹去，那心境也太悲凉了。

现代年轻人有句口号：青春不留白。他要及时创造回忆。创造什么样的回忆呢，成群结队出去放纵一下，留下一些秘密，将来有一天想当年，有秘密的快乐。今天写文章真难，恨不得随时随地声明，我不是那个意思，我是这个意思。有位古人每天晚上写日记，有人问他，是不是有些言行不能写进去，他说，我白天做的，晚上都能写；晚上不能写的，我白天都不做。我所说的创造回忆，大概接近这个意思。

悲剧主角

受人同情,只能算是人生的第二志愿。

人大多希望自己成功,却也有人认为"无妨"失败。成功难,失败易。成功如逆水行舟,费尽力气;失败如顺风而下,听天由命。成功固然可以受人赞美,失败却也能够博得同情,同情的滋味也不错。

抱这种想法的人都非常善良,他们有丰富的感情,经常站在受命运折磨的人一边,以为别人也会像他一样。其实雪中送炭的人少,锦上添花的人多,失败者的冬天是很寒冷的。

志愿的失败者喜欢欣赏悲剧,幻想自己是悲剧的主角。他忽略了一点:所有悲剧的主角都是经过多次的挫折,不断的奋斗,最后无可奈何才失败的。

人们如果要同情，也只肯同情那种奋斗过的失败者，那种不甘心不屈服的失败者。所以享受失败后的同情，只能算是人生的第二志愿，不可列为第一。

焦尾琴

人生原是一种不断的"决定"。

传说有人拿桐木当柴烧,蔡邕经过炉旁,听见火裂之声,知道这块桐木是制造乐器的上等材料,就立即把没有烧完的半截木柴从火里抽出来,交给良工做琴。桐木的长度恰合琴身的需要,不过琴尾必须留下烧焦的痕迹。这张琴,就叫"焦尾琴"。

这个故事教给我们的是当机立断。蔡邕如果稍稍迟疑片刻,让桐木多烧一会儿,剩下的长度就不够制琴之用了。琴尾的焦痕代表一位音律专家的果决。"果决"曾经为世界保全了许多美好的事物。

人生原是一种不断的"决定",有人为自己决定,有人为一家决定,负重责大任的人为一国一族决定。

每一种选择都有后果,每一种后果都需要有人承担,果断的人能够毫不胆怯地负起这种责任来。

果决的反面是因循。因循是积累问题,不加解决,日久"沉淀"成为潜在的危机。潜在的危机有一天表面化,那就是"当断不断反受其乱"了。

法国哲学家布里丹说,一头驴子,面对两盆干草,它不能决定该吃哪一盆,活活饿死。怎会有此事?没有。既然绝无其事,故事又何以流传广远?因为表面上没有这样的驴子,背后有这样的人,东西南北都有,古今中外都有,面临重大选择,迟疑不决。在此插话一句:你对所有的神话都可以如此看待,它的价值是寓藏了言外之义。

决定从炉灶里抽出一块琴材,倒也不难。如果燃料不足,抽出这块木材之后,整锅饭都要夹生,即使是蔡邕也会踌躇。好在时间会解决问题,灶火不停地燃烧,转眼之间,那块木材也就不必抽、抽不出来了!

诗 兴

天下事多以灵感肇端,以实践落成。

诗人看见满地皑皑白雪,如粉妆玉琢,诗兴大发。不过他没有马上写诗,他需要一段时间酝酿,他说:"我把诗埋在雪里。"

诗尚未成,老天下了一场雨,太阳又出来了,积雪融化,满地泥泞。诗人看了,大为扫兴,放弃了作诗的念头。他说:"一首好诗糟蹋了。"

谁糟蹋了诗?雨和太阳吗?春花秋月、夏雨冬雪都是诗啊!你把诗埋在雪里,雪融化了,诗应该露出来,怎么反而消失了呢?莫非是雪底下本来没有诗?

有人说,灵感莫之为而为,稍纵即逝,诗是这样脆弱吗?

八

十问现代人

一事能狂便少年？

数位时代，蚊子飞过也会留下痕迹。

有个团体每年选出全美国最坏的老板，其中一人的劣迹是：喜欢"对女雇员摸摸捏捏"。田纳西州一名二十四岁的职业妇女说："我的老板在跟我谈到加薪的时候，他把手放在我的大腿上。"这种行为叫作"性骚扰"。除了碰触身体，还有说荤笑话，拦住她的去路，连"一直注视她"也算一件。这种事经常发生，狗咬人不算新闻，谁知闰年闰月赶巧了，也能爆发大风潮。

话说这年美国总统特朗普提名卡瓦诺（Brett Michael Kavanaugh）做大法官，这职位极受尊重，全国瞩目。不料一位叫福特的女教授出面说，她十五岁的时候，参加一个派对，被十七岁的卡瓦诺推进卧室，压在身下。美国国会立即展开调查，福特女教授亲自到国会做证，这件事在世界各国都是大新闻。

调查结果，"找不到确切的证据"，任命的程序继续，卡瓦诺得到"历史上的最低票"，成为美国第一百一十四位最高法院的大法官。但风波未息，这里那里，甚至在美国以外的国家，都有女性高喊"me too"！（我也是性骚扰的受害人）。美国众议院司法委地位最高的民主党议员约翰·科尼尔斯、美国明尼苏达州联邦参议员阿尔·弗兰肯因此辞职，美国著名新闻主播查理·罗斯和《纽约时报》驻白宫记者格伦·斯拉什因此被停职。情势严重到什么程度？有一个政界要人说：除了自己的妻子，你不要和任何异性单独相处。

各种人都可以从这场风暴中得到不同的启示，我们的年轻朋友，你看见了吗，有些人是在中学时代或大学时代干出那样的事，他们虽在名校读书，并未准备自己有一天成为精英名流，少年孟浪，后来付出沉重代价。何况现下是数位时代,蚊子飞过也会留下痕迹,你可曾想到,"一事能狂便少年"这句话害人不浅?

与善的距离

善在这头,恶在那头,我们的位置摇摆浮动。

君不见无人商店、良心商店、自助商店、诚信商铺,纷纷出现。这一类商店都没有收银员,顾客自己从货架上取货,照标价付款,把钱丢进柜台上的纸盒里。

经营这一类商店的老板,对"人之初、性本善"还没有丧失信心。有一部电视剧叫作《我们与恶的距离》,良心商店测验我们与善的距离,善在这头,恶在那头,我们的位置摇摆浮动,我们与善的距离也就是我们与恶的距离。

老板们总是精打细算,顾客自动付账,把钱丢进纸盒里,会不会有人不放钱进去,反而取钱出来?

这一念，他把纸盒改成沉重的铁箱，一个特大号的扑满。总有人取了货不付钱，总难免引起他人的效尤，总得有个办法对付他们，这一念，商店出口设置了警报器。

最后，更大的商店、更完善的设备出现了，顾客进门先扫二维码，你的身份资料都在里面了，商店的每个角落都装了监视器，你的举动都在里面了，你用手机转账付款，你的银行资料都在里面了，你拿了东西还能不付账？你何所逃于天地之间？如此这般，买一次菜比当年进一次警备总部还肃然，购物也没什么趣味了。

不这样做，又将如何？美国以资本主义立国，后来受社会主义激发，设立社会安全制度，给贫穷的人各种补助。谁知冒领福利和滥用福利的人越来越多，政府只好审核从严，严也不行，只好从苛，苛也不行，基金快要破产了！福利制度本来是瞄准了人与善的距离，不料却缩短了人与恶的距离。据说当初创设这个制度的总统罗斯福说，只要我把这个东西放上去,就没有哪个该死的敢拿下来,现在好像真有"该死的"了!

如果真的拿下来,那又如何?

我没有时间

自己计算行为的利弊,自己加减乘除。

有一个人,一边开车一边划手机,不知不觉撞上了另外一辆车,那辆车的驾驶也不知是何方神圣,掏出手枪"砰砰砰",把不握方向盘握着手机的仁兄打死了。于是发生了大新闻。

还有,也不知是哪家的孩子,想买手机没有钱,他看见有人登广告征求肾脏,就跑去卖掉一个肾。还有,也不知是哪家的孩子,看见别家的孩子玩手机,太羡慕了,把人家的手机抢了。还有一个人,她回家过年,买车票千难万难,回家千辛万苦,她回到家一直玩她的新手机,熄了灯上了床手机不关,黎明时分才合眼,但是不能起床,她"一瞑不视"了。

还有一个中学生，他迷上手机，上课的时候，坐车的时候，晚上应该做功课的时候，都在划手机。母亲敲他的门，催他上床睡觉，他跟母亲大吵大闹，父亲要没收他的手机，催他做功课，他要自杀。这件事本来可以成为新闻，终于没有成为新闻，因为同样的事情已经发生过很多次了。

现代人最常说的一句话，"我没有时间"。现代生活节奏快、挑战多、撞击密集，他也的确很忙，可是谈起手机传送的信息，他很渊博，有人纳闷，他怎么有那么多时间看手机呢？知道了，他拿起手机，把教育、亲情、交通安全、个人健康，都换成时间。

划手机能得到专长吗？能列为资历吗？能受人尊敬吗？一个"看手机的人"，社会把他归入哪一类呢？他算三百六十行的哪一行呢？他除了损失时间，还要损失金钱。一份研究报告说，手机族追求名牌、新型，一生大概花费五十万美元。还要损失健康，医界说，国家如果征兵，多少青年将因为视力不及格而被淘汰，影响兵源。联合国世界卫生组织提出一个名词："3C保姆",这一代的孩子从吃奶的时候父母就把他交给3C产品了,他们估计出数字来,这一代将增加多少盲人。

听说那个发明电视的人后悔了,他看见了电视的流弊,他大概不知道兴一利必定生一弊。康熙皇帝知道,他晚年主张兴一利不如除一弊。可是康熙皇帝也不知道,到了现代,除一弊必须兴一利来替代,例如核子发电有弊,除弊之道是兴办绿能,而非关闭核子发电厂了事。绿能是否又有它的流弊?现在不知道,将来到了时候再说。历史的发展就是这样,无法一劳永逸。现代人大概不盼望政治家为万世开太平,依靠科学家头痛医头,脚痛医脚。

手机里面附有一具计算机,你可以假设,制造手机的人要你我自己计算行为的利弊、自己加减乘除、趋吉避凶。你有这个时间吗?

法 则

有个名词叫游戏规则,
办众人之事像下棋一样。

小时候听华北神学院院长赫士博士讲道,他说过这么几句话:"上帝是万能的吗?上帝有一件事情办不到,他不能造两座山而在中间不留空隙。"我对这段话的印象非常深刻。

两座山中间必定有相当的空隙,否则只能算是一座山。这是"法则",连上帝做事都要遵守某些法则。后来读闲书,知道有人继续发挥,上帝也不能用两条边造一个三角形,上帝不能造出自己举不起来的石头(因为他无所不能),上帝不能自杀(因为他永生),当 A 大于 B、B 大于 C 时,上帝不能使 A 小于 C。这叫"逻辑上的不可能",逻辑就是法则。

到了我们人类，要遵守的法则太多了，有些法则，有课程、有教材，像物理学、经济学上的定理。三百六十行，行行有行规，大部分没有写出来，叫作"不成文的规则"。大约到了二十世纪九十年代，我才知道有个名词叫游戏规则，办众人之事像下棋一样，马走"日"字象走"田"字，妙在"游戏"二字有哲学，暗示你我欣然遵从，大可洒脱，那些因工作压力而郁郁不乐的人，都没有看见"游戏"二字。

我们常听人家说：某人所以成功，是因为他做事得法；某人的事情所以办不通，是因为不得法。法，可以做法则看。人在呱呱坠地之初不知道有法则，他的母亲知道。例如，母亲如果想从婴儿手中取下一样东西，一定先塞给他一件玩具使他自动放手。后来孩子慢慢长大了，展开对法则的发现学习。有一天，他能够活用法则，人家就说他成功。他能发现新的法则，人家就说他伟大。你打算做哪一种人？

现在新事物如雨后春笋，投身其中的先锋都是年轻人，他们的装备显然不够：无非家庭的古老传统和学校的简单教条。你痛苦地退却吗?你兴奋地成长吗?抬起头来,你看见水穷处正是云起时吗?

现代孝子

父母是子女的前线,子女未必是父母的后方。
父母是子女的本金,子女未必是父母的利息。

我说过孝道是:在自己的价值观念中承认父母的价值。把自己父母的价值注入他人的价值观念。把这两句肯定的话换成否定的说法,就是不孝。今天台湾有很多母亲是下女,子女是博士,博士在美国想起母亲的职业就脸红,虽然也偷偷地经常寄钱回家,但是如果有人当面称赞他的父母,他会难为情得要死,在他的价值观念里面,无法承认父母也是具有价值的人物,坦白地说,这不算是尽孝。

还有一种情形:父母是名流,子女是流氓,子女的恶劣表现毁坏了社会对名流的尊敬,众口悠悠,人言可畏,他父亲的一切优点都被别人做了相反的解释。例如,有钱本是好事,如果子弟不肖,众人就会说:他家的钱是造孽钱,刻薄成家,理无久享。这样的子弟无法使别人的价值观念承认他的父母有价值,这也是不孝。

孝或不孝的标准,一半在自己,一半在别人的脑子里,可是别人脑子里的那一部分也要靠"人子"去建立起来。

在孝道里面,父母子女原是利害一致的,是荣辱攸关的,是互相辉映的。两者之间并没有一道什么沟。

任何地方都讲人和,为什么一门之内就不要孝友和乐呢?校长都可以勉励学生:今日你以学校为荣,明日学校以你为荣,为什么父母不可以对子女呢?交朋友,都可以说给朋友挣面子;事父母,为什么不能有同样的想法呢?同船过渡,都可以说是五百年前修来的缘分,为什么"家"字底下必定一窝猪呢……

现代经典

在《牛津字典》旁边,放一部《论语》。

古人有"一经传家"之说。在现代的家庭里,这"一经"恐怕变成《牛津字典》了!

今人喜欢谈"现代",对"传统"没有好感,这是因为当年先贤鼓吹新学,把传统和现代斩断了、对立起来,给新学留下全部的空间,也算是"矫枉者必过正"的一个例子吧!

其实"传统"是不断发展的,"现代"是"传统"的延长。借字典作比喻,所有的字典都是越编越厚,因为新字越来越多,字的解释也不断增加,如果新字新解是现代,一经收入字典就成了传统的一部分了,所以,今日的现代是明日的传统,今日的传统是昨日的现代。

今天一切"新学"都非常重要。但是人最好能趁年轻的时候读一点文言古典,时期最好在高中毕业之后,传家的《牛津字典》旁边,最好还有《论语》和《唐诗三百首》。还有礼记春秋、屈宋班马,都是中华民族的"家珍",倘若连摸也没有摸一下,岂不枉为子孙?

文言古典是民族文化的载体,它最大的用处是:第一,增加青年人的厚度;第二,使他们年老以后心灵有自己的故乡。今后工业社会的人,难免都要急功近利、浮躁不安,而晚年又相当"凄凉",此时如有某种程度的古典修养,会有"众鸟欣有托,吾亦爱吾庐"的安适之感,这是老年人很大的福气。

中国人者,一为血统上的中国人,一为法统上的中国人,还有一项就是文化上的中国人,三者合一为上,现代人并不是一个残缺不全的人。你是中国人,你是现代中国人,你有中国文化的修养。如果有人问做人的理想境地是什么,可以这样答复他吗?

空中飞童

现代人做个一家之主,比古人困难。

三楼住户,家有四岁男童,窗子没有加铁栏栅,窗口摆一张弹簧床,弹簧床的高度接近窗口,床面是凸起的,小孩子在上面跳跃,弹簧的弹力又稍稍偏向窗口,这孩子岂不要像炮弹一样射出去、再像石头一样掉下来?别说这是杞人忧天,这样的惨剧果然在台湾凤山发生了。

前人说家庭是最安全的地方,那时候没有弹簧床。现代家庭有各种危险。玻璃杯或灯泡打碎了,残屑没有扫干净,危险!图钉落在椅子上,忘了收拾,危险!玻璃弹珠丢在楼梯上,下楼的人一脚踏上去,危险得要命!洗澡间的肥皂掉在地上,洗澡的人一脚踏上去，脑震荡是最自然的结果！剪刀放在幼儿伸手可及的高度，准备看外科医生吧……

有这么一个家庭，自己的儿子十三岁了，家里还摆着春宫照片，十三岁的男童看了春宫照片，竟接二连三"猥亵"幼稚园的女童，令人大惊失色，等他十八岁以后，他会是一个什么样的青年？古人的书房里不会有这样的照片，这也是现代家庭才有的危险。

市面上教人如何教养子女的书多极了，那些书的作者心思很细，可是他们都遗漏了一件事，就是忘了叮嘱天下夫妇，在第一个孩子诞生以后，应该严肃地在家中做一次"书刊检查"，把一切危害少年儿童身心发展的东西烧掉。在他仅仅是一个男人、尚未成为父亲之前，总会有某些东西混入他的收藏之中，他在给孩子布置摇篮的时候，就该把那些东西彻底清除。这件事可能被许多人忽略了。

现代人所谓"齐家"，应该是如何使他的家庭成为最安全的地方，给全家安全感。现代人做个一家之主，比古人困难。

青年的典型

"厚德载福""大器晚成"需要同时提倡。

教育界开大会,有一个议题是"青年人的典型",发言热烈,聚焦"宽厚"。

青年的典型可以设定模式吗?所有的青年可以都纳入一个模式吗?先让我解释几句吧。那些参与会议的人大都相信教育可以变化气质,大都认为教育对青年在形成典型的时候可以加入一些影响,才气纵横、狂放不羁成为现代青年主要的风尚,早已在学校里大放光芒,相形之下,"厚德载福""大器晚成"需要同时提倡。

什么是宽厚呢?新闻报道,有人拾金不昧,把九万元现钞送上门,失金的白面绅士居然拿出五百元来酬谢,态度如同打赏小费,这就有失宽厚。再看另一条新闻,"他"到馆子里吃饭,付账的时候不付小费,可是临走忘了带着皮包,皮包里面有二十七万元。那位没拿到小费的侍者赶紧跟当地的报社联系寻找失主,根据皮包里面的线索和网络的特性,尽一切可能搜索,这种行动有个名称叫"肉搜",终于把"他"找到了。侍者将皮包送回,婉拒报酬。这是宽厚。

宽厚之后又如何呢?再看第三条新闻吧,冬天,夜半,一个富商的太太在离开医院的时候遗失了她的皮包,里面有十万元和一份商务机密。一个小女孩捡到了,就蜷在走道旁边的墙角里等候失主。有钱的太太去而复返,找回皮包,也发现小女孩冻得发抖。

小女孩的母亲生病住院,病得很重,筹不出医药费来,虽然发现皮包里有钱,仍然要女儿归还失主。富商夫妇立即为小女孩的母亲换了病房,负担全部开支,并且在这位贫苦的母亲病逝以后收养了她留下的孤儿。

以我理解,教育家希望在现实生活中能把以上三个故事合编成一个故事,怎么样?他们超出本分了吗?

根，苗

元朝，中国文学兴起一种体裁，称为杂剧，其中有一部作品，演出"赵氏孤儿"的故事。赵氏，指春秋时代晋国的大臣赵朔；孤儿，指赵家被奸臣灭门之后剩下的一个男孩。这个孩子叫赵武，奸臣继续追杀赵武，赵氏门客公孙杵臼和程婴为了庇护赵武，付出极其悲壮的代价。后世用这些材料编演戏剧，就是有名的"赵氏孤儿"。

同一类型的故事：汉代，大臣窦武与宦官为敌，宦官不但杀了他全家，也杀了他的兄弟姊妹、儿女亲家，这叫灭族。曹腾、张敞再三设计，救出窦氏的幼孙。晋代的祖逖，那位"闻鸡起舞"的人物，他死后，他儿子犯了灭门大罪，全家问斩，祖逖的一个旧部冒险救出祖家一个男孩。在覆巢之下尽力保全一枚完卵，其事至难，而且要冒难测的危险。汉代的陈蕃参加了窦武与宦官的斗争，失败之后，他的朋友朱震掩护他的儿子，宁死不肯说出藏在哪里，也牺牲了。

对于这些故事，后世注意力的焦点是其中某些人物的忠义。今天看来，这些故事的意义尚不止此，它是表示古人、今人，乃至将来的人，对后代子孙的生存发展何等重视，只要一条根留下去，只要一条脉延续下去，任何悲剧都是可以忍受的！只要后代子孙昌盛，任何悲剧都算不了什么！上一代对下一代的爱和期望从这里充分表现出来。

我现在居住的地方是中国移民开辟的社区，移民的生活艰难困苦，使许多人一生憔悴。很多人在听完一个移民故事之后追问一句：他的子女现在怎么样，言外之意，只要后代有出息，也就罢了！

就在我修改这篇文章的时候，一位母亲推着婴儿车过斑马线，一位喝了酒的司机开着汽车直撞过来，那位母亲急忙调整姿势，争取时间，把婴儿车推开，放手，自己也正好被汽车撞飞。就在我修改这些文章之后，一个枪手闯进校园，对着学童开枪滥射，一位教师为了掩护学生，用身体挡住子弹。这些人平时并未准备杀身成仁、舍生取义，事到临头，为了下一代，还是这样做了。

现在听不见有人说"儿童是国家未来的主人翁"了，也还有人称孩子们是"苗"，苗是"根"的再生，有根有苗，就是"万岁"。根为了苗付出一切养分水分，苗对根不能反哺回馈，根也只求你欣欣向荣、开花结果就可以了，"谁言寸草心，报得三春晖"，这就是答案。你可知道自己在这个社会的价值系统里是多么贵重！你可知道竟有许多年轻人不知自爱、不肯上进、不思振作、不改前非！

庸人和英雄

要成功,必须成熟;不成功,更要成熟。

"天下本无事,庸人自扰之。"这句话贬低了庸人。其实庸人者,平凡、通达而又可用之人也,是一国人口的基本成分。

在古旧的农业社会里,匮乏和不公使人痛苦,人人希望提高自己的社会地位以脱离那痛苦,因此要"吃尽苦中苦,方为人上人。"现代社会不然,人们基本的生活条件大致近似,例如,富豪家中有冰箱,穷人也有;高官有保险、投票权,平民也有;俊杰和庸人吃的面包、牛奶,是同一工厂出品;无论是人上人还是人下人,违反交通规则都要受罚,基本人权都一样受法律保障。庸人在现代社会中可以取得地位，安心生存，自得其乐。

于是许多人甘心做一个庸人。

哈佛大学城市研究中心从坎萨斯和波士顿两大城市中抽样调查了九百人，得到一个意味深长的结论：那些年薪平平的人，虽然羡慕别人的高收入，却认为那些人茹苦负重，得不偿失。

这些年，数据显示，美国社会有那么多人失业，又有那么多工作找不到人来做，必须从外国引进临时劳工，或者偷偷雇用非法入境的黑工，原因无他，那工作太辛苦了。到了今天连读大学都觉得是一件苦事，金牌名校要仰赖中国留学生来缴学费。

一个社会如果庸人太多，难免缺乏生气；庸人太少，又会造成动荡不安。据说现代科技能够控制遗传因子，将来国家要有人口设计，研究庸人在总人口中该占多大比例。想想看，到那时候，你愿意有几个儿女？其中几个庸人、几个英雄？

九

余音袅袅

天上有星,地上有人

排拒其他星球的吸引力,维持自己的轨道。

社会上的一个人,就像太空中的一颗星。他必须放射光芒,否则,显不出存在的价值。他对同类有吸引力,才会结成一个星系。

他也得具有排拒其他星球吸引的能力,才可以维持自己的轨道。没有人格的光芒,没有智慧的光芒,面成枯木,心如死灰,这样的人是个毁灭了的世界。

"每个人都是天上一颗星的化身",这话有些道理。繁星在天,我们该多看一看。

现在,住在大都市里,看星的机会太少了!从前"轻罗小扇扑流萤"的日子,你可以听见孩子们唱:

"天上星多月不明,地上人多心不平。"

并非星多使月球减色,而是月光黯淡失辉,星芒才纵横自如。有为之士在风雨如晦的时代,更该想到这一点。

另一种匹夫有责

人,没有统一的"必须",但是有一致的"不可"。

巴尔扎克说过一句话:"好女人有创造好丈夫的天才。"诚然,如果家庭是一艘船,丈夫就是这船上的帆,妻子好比送帆的风,用温柔的推动力使丈夫带领全船行进。

进一步说:"好人能创造好人,好老板创造好职员,好老师创造好学生,好将帅创造好官兵,好朋友创造好朋友。"

有一位长者,平生总是遇到坏人,晚年,他说,都是因为我自己不够好。你是否认为这些话还有"现代价值"?现代人容易对别人失望,对自己充满无力感,你是否愿意我们一同来读龚定庵的那句诗:"我劝天公重抖擞",振作一下?

地 圆

你知道"夸父逐日"的故事吧,一个名叫夸父的巨人和太阳竞走,在半路上渴死了。如果他中途有补给站,一直跑下去,也许他早就发现了地圆。

你知道周穆王做过类似的事情吧,他用八匹千里马驾车西游,见过西王母。如果他越过昆仑山,继续往西走,也许早就发现了地圆。

我听说有两个住在帕米尔高原上的人,东来寻找日出之地,一生跋山涉水,千辛万苦,后来还漂洋过海,找到一个美丽的岛屿。他们实在太累了,就收起雄心壮志,在岛上定居下来。这个岛就是台湾。

他们发现了台湾。如果他们不是改变了初衷,也许他们不止发现了台湾,也许他们早就发现南美洲或北美洲了吧。

还有哥伦布，他相信地圆，认为一直往西走可以到东方，中途发现了美洲。这个意外的收获，比他一直按照计划航行，意义更大。

仅仅知道地圆还不够，你得有远洋航行的大船，船上得有辨别方向的罗盘，你才可以绕行地球一周。周穆王如果想做这件事，未免太早了吧？

记得当年读小学地理，老师为了向我们证明地圆，费了很大的力气。现在喷气客机漫天飞，越洋旅行的人都在经过换日线的时候多出来一天，他们都可以证明地圆，但是，等到现在才做，又未免太晚了，太晚了。

现在还需要去证明地圆吗？你我也只是在喷气客机上偶然想到了地圆。不过，那一刻，我们不是证明，是"体验"。那个滋味很好。

同样一件事，夸父去做，是愚昧；我们现在去做，是平凡；哥伦布去做，是杰出；夸父去做，是自负；哥伦布去做，是创造；我们现在去做，是享受，现代人才有的享受。

自 然

有人说,在工商业社会里求发展的人像是骑在脚踏车上,双脚必须不停地踏动,一旦"歇脚",车子就会倒下来。

在我看来,富有西方进取精神的企业界人士像是一支射出去的箭,勇往直前,有进无退,倘若不能命中目标,只好撞在石头上折断,或插进泥里腐烂。

这种"西方精神"曾使西方的许多企业家盖起摩天大楼,又使他们从楼顶跳下来自尽。他们没有"知足常乐"的想法,也不明白什么是"退一步海阔天空"。

在"现代"的冲击下,中国人的灵魂也渐渐失去保护,"退一步"的哲学逐渐式微了。有些人开始看清做一个现代人实在辛苦,他只有前线,没有后方;只有胜利,没有和平;只有战利品,没有墓志铭。有一个大家尊敬的人物,一生得意,从基层上升到人人羡慕的地位。后来投闲置散,无法适应,竟然精神错乱,医药罔效。凡是知道这件事情的人都同声惋惜,惋惜他缺少几分中国式的人生修养。春夏秋冬是自然现象,生老病死是自然现象,个人的境遇由升弧到降弧,经绚烂归平淡,也是一种自然现象。对自然现象的来临要坦然接受。这是中华民族的智慧,现代人难道忘了吗?

中国人,从小接受做人的教育,那是《开放的人生》的重点。长大了,接受做事的教育,那是《人生试金石》的重点。然后,《我们现代人》,又要另外设一个重点,说一些不同的话,不是矛盾,只是补充、发展、延长。"春游芳草地,夏赏绿荷池,秋饮黄花酒,冬吟白雪诗。"一句话是说不完的。

求新求远

人受识见的限制,
常常不知道什么是"最好的"。

乡下佬认为冬天晒太阳晒得全身暖烘烘是人间至乐,想把他的"发现"告诉国王;吃辣椒吃得过瘾的人认为这是人间少有的美味,主张用辣椒进贡。农家的一个媳妇,在夏天的厨房里汗流浃背,自叹命苦,她说:"如果我是正宫娘娘,这时候早已铺一床凉席,躺在树荫底下,喊一声:'太监,给我拿个柿饼来!'"

人受识见的限制,常常不知道什么是"最好的"。想当年山胞认为世上最好的东西是米酒,他领到政府免费发给的种子,并不撒在田里,而是转手送给酒商。有些人喝得酩酊大醉,脚步不稳,坠入山谷,永不回家。

可是几百年前,山胞追捕一条白鹿发现日月潭的时候,展现了辟草莱、斩荆棘的精神。只是他们耳目闭塞,识见有限,落后太远了。

狗的习惯，人的个性

放任自己的个性，还是包容别人的个性？

养狗的人家愈来愈多，大部分的狗主人都设法让自己的狗到别人的住宅附近去大小便，于是产生下面的闹剧。

住在十五号的王先生早晨出门，看见门口有一堆脏东西，他相信这是五号的阿花干的好事，就把这东西铲起来，丢进五号门内，大声告诉他们："你们家丢了东西，我给你们还回来了。"事后这位王先生对人说起这件事，沾沾自喜，他表示"这是我的个性嘛！"

在另一条巷子里，每天早晨，只要二十二号门的大门闪开一条缝，一只狐狸狗就窜出来，巷头巷尾走动,这里闻闻,那里看看,然后在八号门口大大地方便一番。后来八号的主人跟二十二号的主人谈过这件事,对方笑一笑没有说什么,那只狐狸狗养成的习惯改不掉,它的主人也没有把这件事情放在心上,于是八号的主人只好两手一摊说:"他就是这个个性嘛!"

这两个人都使用"个性"一词。前面那一个人放任自己的个性,难免挑惹别人的个性,后面这个人包容别人的个性,难免压抑自己的个性。

最具体的狗便和最抽象的人性有关系,最原始的狗便和最科学的DNA也扯上关系。DNA是一种化学成分,现在大名鼎鼎,专家可以从犯罪嫌疑人的毛发、唾液、指甲中化验出他的DNA来破案。现在狗大便的纠纷严重,有少数国家规定,养狗的人都要交一笔钱,把爱犬的DNA化验出来,登记在案,那饱受狗便困扰的人可以交一笔钱化验门前狗便的DNA,追究狗主人的责任。

这真是天方夜谭,今古奇观,区区小事,何至于如此大兴干戈？答案还是那句话：个性嘛！个性碰撞,狗的事变成人的事,小事就变大了。还记得"千里来书只为墙"吗？人的事还原成墙的事，事情就变小了。

现代狗

主人请客,菜很多,最后上来一只鸭子,大家都说吃不下去了。主人问哪位可以把这道菜带回家去?来宾互相推让,有一位太太很爽快:"我带回家去,给我们的狗吃!"举座愕然,按下不表。

且说顾客可以把吃不完的菜带走,原是广东习俗,叫作"打包",各地餐厅为了争取顾客,纷纷仿效。有些高级餐厅本来不准打包,据说是怕带菜的人回去吃了剩菜泻肚子,责任分不清楚。可是餐厅还有一个规矩,从 A 席撤下来的菜不许再端上 B 席,餐厅的员工也不吃,据说是因为怕有人在这道菜里下了毒,害餐厅关门。他们把撤下来的菜"哗啦"一声倒进垃圾桶了事,这又牵涉到食物浪费,在"环保"这个大议题之下,食物浪费也是一个不小的罪名。

现在,为了讨顾客喜悦,也响应环保,"打包"算是现代化了,不过在那一桌客人讨论谁带走那只鸭子的时候,大家还卡在一只狗上,"带回去给狗吃",这句话分出现代化的先进后进。他们不养狗,或者没养过现代狗,并不知道狗不是家畜,狗是宠物,宠物是家庭的一员,等于他家的孩子。有商店专门给狗做衣服,有诊所专门给狗看病,有殡仪馆专门给狗营葬,也有保险公司给你的狗办保险。狗有户口,户长就是养狗的人。

如此这般,当推让带菜之时,狗主人不假思索,脱口而出,不算失言。须知在专营的餐厅里,主人可以带着狗一同进餐,狗吃的那一份,可能比狗主人吃的那一份价钱更贵。我写这篇文章的时候,消息传来,时尚界大亨卡尔·拉格斐(Karl Lagerfeld),他的猫吃帝王蟹和鱼子酱。有些大公司允许职员带狗上班,还给狗准备游戏的空间,供应饼干和饮水器呢。

清水变酒

"君子之交淡如水",但是君子之交不能永远是水,"道义"能变水为酒,只要道义的精神久而不懈,始终如一。

"小人之交"以酒开始,但是双方都没有足够的酒精满足对方,喝到中途,只好掺水。酒精愈少,清水愈多。

君子之交(我们换一个说法好不好:成功的友谊)先水后酒,情味愈来愈浓;失败的友谊以酒始,以水终,情味愈来愈淡。

与人相处,先敬清水。酒,尤其是好酒,最后再拿出来。

新旧观念欢喜纠缠

这是发生在台湾的人生喜剧。一个二十多岁的青年，交了一个女朋友，花前月下，有相当久的时间和相当深的感情。可是，他的父母在想到儿子应该成家的时候，却属意另一个女孩。他们知道这女孩跟他们的儿子没有来往，就用父母之命、媒妁之言来进行婚姻程序。于是这个青年男子用双重人格来生活，他有一个自己选的女友，同时又有父母代选的一个未婚妻。

到了他做新郎的那天，一切无法再掩饰了。新娘坐着彩车进了门，女友也涕泗横流进了门，场面上发生很大的骚动。干练的亲友和体面的士绅出了面,劝这位流泪的小姐暂时安静,不要搅闹人家的喜筵,至于一笔感情的债,大家保证在贺客散席以后代为谈判解决。这位小姐一想,另外也实在没有什么好办法,就躲在一个房间里吞声等候。

散席后,谈判开始,多情的女郎坚持实践那些海誓山盟,薄情汉却不被允许把迎进来的另一个人再送出门去,局面僵持,群贤束手无策。最后,新郎的弟弟忽然提议:新郎仍然跟他原来的女朋友成婚,刚刚迎进来的这个陌生的新娘,可以嫁给我。两对玉人,一次成礼,都不必再费事铺张。此计一出,大家拊掌称善。

新闻报道说,那个新娘,起初是非常惊诧,泪流满面,后来用泪眼偷窥弟弟,觉得他年轻潇洒,一表人才,也就不再反对。故事非常有趣,足可以发展成一个上等的剧本,来表现新旧两种婚姻观念的融合错综。时下一般人对婚姻的观念是不中不西,可以从结婚仪式及婚礼陈设上看得出来。单单是平面的礼堂陈设不能构成一个剧本,必须在人与人的关系上有立体化的勾连。前面从新闻报道中所引述的故事，恰恰具备这个要件。

故事开始的时候，男女主角的行为受新的婚姻观念支配，他俩算得上自由恋爱。不久，男主角打算接受父母之命所安排的妻子，那是旧的婚姻观念又占了上风。等到爱人找上门来抗议，他又情愿舍弃新娘重回爱人的怀抱，又皈依了新的婚姻观念。再说新郎的弟弟，他主张哥哥仍然跟原来的女友结合，这是新；他自己愿意做"新娘的新郎"，这是新（他自己选的）也是旧（旧俗，哥哥可以代替弟弟迎亲行礼）。如果他认为新娘有权自决，那是新；如果认为父母有权把原来打算许给大儿子的那个女孩改给小儿子，那又是旧。

顶有趣的是新娘，她始终受旧婚姻观念支配，不过，当她同意由大儿媳妇变成二儿媳妇的时候，心里也许在想："人家都可以自己做主，我为什么不呢？"这时，她又可以说是新的了。至于那些和事佬在中间往来折冲，无疑的是手里拿着一把新尺和一把旧尺在灵活运用。文学作品表现新旧两种婚姻观念冲突，往往处理成悲剧，这样的喜剧并不多见。

后记

为什么拈出"现代人"三个字?

现代化改变了原有的生存环境,优秀杰出的人物正在创造一个新的时代。在这个时代里生存的人,要用新观念解释新生的事物,以新态度来处理自己的生活,参与现代社会,拥抱现代人生,使生命的意义得到充分发挥。

现代生活是充满了新事物新挑战的生活,人们以他原有的经验来解决新问题,往往没有效果,甚或得到相反的效果。这种"经验失败"的情况一旦发生在谁的身上,谁就变成一个不会生活的人。他"没有生活能力"。"没有生活能力"的人自己很痛苦,对社会也形成一种负担。他自己的生活失败,同时也妨害或延缓别人的成功。怎样减少这种人口,也是现代化工作的一部分。

要一个五岁或十岁的孩子学习怎样生活,十分容易,要一个二十岁或三十岁的人承认自己不会生活,却相当困难。倘若这些人已经有了某些成就,他往往认为他的困境由社会的缺点造成,他自己没有责任。这些人往往具有优秀品质,若非社会变迁,他们一定快乐、成功。现在,他们疏离现代社会而又自认为受社会排斥,大部分精力消耗在沮丧疑虑之中,既是社会的损失,也是人生的悲剧。这些人需要一些劝告,有时候,只要寥寥几句警辟的话,就能使人豁然醒悟,把一个人从"社会的负担"变成"社会的资产"。一念之转,祸福立判。虽然社会改变,他仍然可以是一个快乐而又成功的人物。问题是,如何把这"一念"形成动听的语言呢?

我在守旧的农业社会中出生,长大后奔走四方,亲历"未开发""开发中"和"已开发"的过程,并曾在尖端的现代企业机构服务，尝受成长的百般滋味。半生与许多成功的人物同欢，也曾与许多失败的人物同悲，面对沧桑变化，反复研究、思索、过滤、提炼，参照当代研究人类行为的译著，在卡片上留下多少记录，多少煎熬焦虑随着笔记的定稿而结束。后来在大专学校教书后，常遇乡镇出身乍入都城的同学质疑问难，以个人与环境间的调节适应为苦，以过去与未来的贯通为虑。我取出一部分卡片给他们看，他们的神态立时豁然开朗，舒泰自然。他们在数年后没有忘记告诉我这样改善了处境，增加了收获。经过这种非正式的小规模的"实验"，我相信我在长夜失眠中写下的成长经验，对那些努力建立美满人生的人颇有帮助。于是出版了这本书。

这是我谈论人生的第三本书。三书之中，这一本用力最多，思虑最久，在现实社会中扎根最深。这一本从"经验"的层次跃升，到达"思想"的层次。这本书是我的同类作品中的最后一本。三书的第一本《开放的人生》偏重做人的基本修养，书中的内容，大半在童年时期得自我的母亲；当我执笔撰写的时候，耳畔还仿佛听到她那充满爱心的叮咛。第二本《人生试金石》偏重离开家庭、学校之后的阅历，探触父母师长没有想到的、没有教过的或者不便说破的一面，然而那是人生必登的一个层面。我在撰写的时候，已逝的云月尘土，又在眼前重现一遍。这一本《我们现代人》讨论更复杂的现代人生问题，家庭和学校罩着你，可是你一脚踏入正在照着新规则流转的社会，要改换步伐调整重心才可以立足。新的必须适应，旧的又岂能全抛？大体上说，这三本书的内容构成三个层次，了我三个心愿。

文学作品可以分成两种：胎生的或卵生的。胎生的作品产生，由于作家有挫败感，他写作是为了满足自己的需要，他像一个母亲要生育，但是无法随意控制结果。这一类作品可能发生的流弊是成为牢骚。卵生的作品之产生，由于作家有使命感，他写作是为了满足社会的需要，他像一个母鸡在孵蛋，蛋是外来的。但是他爱那些蛋，全心全意拥抱那些蛋，给它热，给它爱，给它生命。这一类作品可能发生的流弊是口号教条。"人生三书"中的前两书，《开放的人生》和《人生试金石》是胎生的，我没有流为牢骚；这本《我们现代人》是卵生的，我确知它不是口号或教条。在这三本书里面，我对自己，对社会都尽了心。我要感谢帮助我完成三书的朋友们，同时祝福三书的读者，希望他们早日得到他们在人生中所要寻觅的东西。

王鼎钧作品系列（第二辑）

开放的人生（人生四书之一）

本书讲做人的基本修养。如何做人？这个问题很"大"。本书用"小"来作答，如春风化雨，通过角度、布局、笔法各各不同的精彩短章，探悉人生的困惑，以细致入微的体察和智慧的省思，带给人开放、积极而平和的人生态度。

人生试金石（人生四书之二）

人生并不完全是一个"舒适圈"。由家庭到学校，再由学校到社会，成长要经历一个又一个挫折和失望。本书设想年轻人在逐渐长大以后，完全独立以前，有一段什么样的历程。对它了解越多，伤害就越小；得到的营养越丰富，你的精神就越壮大。

我们现代人（人生四书之三）

在传统淡出、现代降临之后，应该怎样适应新的环境和规则，怎样看待传统的缺陷？哪些要坚持？哪些要放弃？哪些要融合？现代人需要怎样的标准和条件，才能坚忍、快乐、充满信心地生活？作者将经验和思索加以过滤提炼，集成一本现代人的安身立命之书。

黑暗圣经（人生四书之四）

这是一本真正的悲悯之书——虚伪、狡诈、贪婪、残忍，以怨报德，人性之恶展现无遗，刺人心魄。但是，"当好人碰上坏人时，怎么办？"，这才是"人生第四书"的核心问题。它要人明了人之本性，懂得如何守住底线，趋吉避凶。而且断定，即便有文化的制约，道德也是永远不散的"筵席"。

作文七巧（作文五书之一）

世界上优秀的作品都需要性情和技术相辅相成，性情是不学而能的，是莫之而至的，人的天性和生活激荡自然产生作品的内容，技术部分则靠人力修为。——基于这样的认知，作者将直叙、倒叙、抒情、描写、归纳、演绎、综合汇成"作文七巧"，以具体实际的程式和方法，为习作者提供作文的捷径。

作文十九问（作文五书之二）

"作文一定要起承转合吗？""如何立意？""什么才是恰当的比喻？""怎样发现和运用材料？"……本书发掘十九个问题，以问答的形式、丰富的举例，解答学习作文的困惑。其中有方法和技巧，更有人生的经验和识见。

文学种子（作文五书之三）

如何领会文学创作要旨？本书从语言、字、句、语文功能、意象、题材来源、散文、小说、剧本、诗歌，以及人生与文学的关系等角度，条分缕析，精妙点明作家应有的素养和必备的技艺，迎接你由教室走向文坛。

讲理（作文五书之四）

本书给出议论文写作的关键步骤：建立是非论断的骨架——为论断找到有力的证据——配合启发思想的小故事、权威的话、诗句，必要的时候使用描写、比喻，偶尔用反问和感叹的语气等——使议论文写作有章可循，不啻为研习者的路标。而书中丰富的事例，也是台湾社会发展的一面镜子。

《古文观止》化读（作文五书之五）

作者化读《古文观止》经典名篇，首先把字义、句法、典故、写作者的知识背景、境况、写作缘由等解释清楚，使文言文的字面意思晓白无误，写作者的思想主旨凸显。在此基础上推进，分析文章的谋篇布局、修辞技巧、论证逻辑、风格气势等，使读者能对文章的优长从总体上加以把握、体会。最后再进一步，能以博学和自身的人生境界修为出入古人的精神世界，甚至与古人的心灵对话，此尤为其独到之处。